種名	図鑑	
サンショウクイ		51・106・107
シジュウカラ		50・68・70・74・75・115・116・141
シノリガモ	42	39・59・144
シベリアオオハシシギ		108・109
シベリアハヤブサ		98・99
シメ	49	30・51・60・70・94・114・140
ジュウイチ	24	12
ショウドウツバメ		56・134
ジョウビタキ	47	30・50・61・70・75・99・114・116・138
シロカモメ	45	38・61
シロチドリ	22	16・53・153
シロハラ	47	31・72・94・116
シロハラクイナ		131
ズグロカモメ		61
スズガモ	42	39・109・113・144
スズメ	29	8・51・52・70・103・115
セイタカシギ		109・132・147
セグロカモメ	45	38
セグロセキレイ	46	36
セッカ	27	15・54・60・94・143・148・152
センダイムシクイ	27	9・51・100
ソウシチョウ	49	31
ソリハシシギ	23	16・109
タ ダイサギ	19	14・32・70・91・99・109・112・132
ダイシャクシギ	23	17・144
ダイゼン	22	17・112・109
タカブシギ		55・132・133・157
タゲリ	44	33・50・60・95・119
タシギ	44	33・61・94・119・123
タヒバリ	46	33・71・98・119
タマシギ	21	10・55・133
チゴハヤブサ		56・105・134・158
チュウサギ	19	10・112・127・132・157
チュウシャクシギ	23	17・55・150・151
チュウヒ	43	32・58・60・94・95・99・112・118・119・142・143
チョウゲンボウ	21	14・53・71・96・97・99・102・103・115・119・142・143
ツグミ	47	32・58・70・72・75・77・91・94・114・115・117・119・135・140・143・144・147
ツツドリ		51・56・81・128・135
ツバメ	25	9・55・56・74・78・85・101・103・155・157・159
ツバメチドリ		55・156・157
ツミ	20	8・50・52・53・75・102・103・148・154・155
ツルシギ		52
トウネン	22	17・55・157
ドバト		58・98・99・119
トビ	20	14・70・89・90・97・99・119・128・136・151
トモエガモ	41	36・59・95
トラツグミ	47	33
トラフズク	45	33・60・148・149
ナ ニュウナイスズメ	29	12・129
ノジコ		128
ノスリ	21	13・37・52・54・56・58・60・71・72・73・87・88・95・96・97・98・101・105・107・116・117・118・119・121・128・135・142・143・144・148・158・159
ノビタキ	26	13・52・54・57・83・87
ハ ハイイロウミツバメ	40	39・61
ハイイロチュウヒ	43	32・50・60・95・118・142・143・143
ハイタカ	43	31・58・93・118・119・143・143
ハギマシコ		99・71・75・114・133・137
ハクガン		57
ハクセキレイ	25	8・32・57
ハシビロガモ	41	30・58・113・119・144
ハシブトガラス	29	8・70・88・90・99・102・103・113・115・116・117・126・127・137・154・155・158
ハシボソガラス	29	11・90・154・155
ハシボソミズナギドリ	40	39
ハジロカイツブリ	40	39・59・116・144

種名	図鑑	
ハジロクロハラアジサシ		152・153
ハジロコチドリ		109
ハチクマ		56・57・80・81・86・87・104・110・128・135・158・159
ハマシギ	22	17・52・55・144
ハヤブサ	21	17・55・57・58・59・65・76・84・85・88・89・99・119・136・143・158
ハリオアマツバメ		56・86・111・134
バン	21	15・123・127・130・131
ヒガラ	48	34・107・128・138・139・141
ヒクイナ	20	15
ヒシクイ	40	57
ヒドリガモ	41	31・58・71・113・144
ヒバリ	24	14・97・98・118・119・152
ヒバリシギ		55・133・157
ヒメアマツバメ	25	15・71・155
ヒメウ	40	39・12・64・98
ヒメハジロ		145
ヒヨドリ	26	8・51・53・57・64・71・75・103・114・147・149・150・154・155
ヒレンジャク		122・123
ビロードキンクロ		144・145
ビンズイ		82
フクロウ	24	10・35・52・59・79・124・140・141・149
ブッポウソウ		53
ベニマシコ	49	37・60・61・70・117
ヘラサギ		94・94・95
ホオアカ	28	13・52・54
ホオジロ	28	11・60・70・93・94・107・115・117・128
ホオジロガモ	42	37・59・144
ホシガラス		83
ホシハジロ	42	36・113
ホトトギス	24	13・52・53・106・128・129・151・152
マ マガモ	41	30・58・71・95・99・113・116
マガン	40	32・57・94・112・113
マヒワ	49	33・51・58・60・75・99
マミジロ	27	12・80・106
ミコアイサ	42	36・70・95・144
ミサゴ	20	15・65・87・93・99・109・112・119・135・136・142・143・144・153
ミソサザイ	26	12・52・68・100・138
ミツユビカモメ		61
ミヤコドリ	21	17・144
ミヤマガラス		60・119・120・142
ミヤマホオジロ	48	34・60
ミユビシギ	44	38・59・144
ムクドリ	29	8・52・55・71・102・103・104・114・121・133・147
ムナグロ	22	10・51・55・109・148・156・157
メジロ	28	11・51・57・70・72・75・95・115・116・121
メダイチドリ	22	17
メボソムシクイ		81
モズ	46	32・57・153・75・94・106・107・115・117・123
モモイロペリカン		153
ヤ ヤツガシラ		60・146・147
ヤブサメ		105・128
ヤマガラ	48	34・107・138・141
ヤマシギ		61
ヤマセミ	46	37・59・92・93
ヤマドリ	44	34・80・128
ユキホオジロ		145
ユリカモメ	45	37・61・136
ヨシゴイ		
ヨタカ		
ラ ライチョウ		
ルリビタキ	46	
ワケホンセイインコ		
ワシカモメ	45	

BIRDER SPECIAL
野鳥フィールドスケッチ

驚きと発見に満ちているフィールドでの体験を，
スケッチで再現しました。
そのときの感動や鳥たちの生き生きとした姿を，
フィールドの光や風とともに楽しんでください。

水谷高英 著

文一総合出版

フィールドへ行こう

　私は，フィールドにはなるべく晴れた日に出かけるようにしている。天候の穏やかな日は，音も色も光も風もすべてが体にやさしく心地いい。

　そんなフィールドで手作りの弁当を食べながら，やわらかな雲が流れていく様子を見ているだけで，五感が開放されていくように感じる。そんなとき，他人が驚くほど遠くの空に鳥の姿を見つけることがある。「鳥見モードのスイッチが入った！」などと言って楽しんでいるが，多くのベテランバーダーもこれと似た感覚を持っているもので，これまでのフィールドでの経験の積み重ねが，鳥に気がつく能力を高め，今まで見え

なかったものが見えてくるのだと思う。
　例えば，たまたま公園の池で初めてカワセミを見た人が，それ以来，次々といろいろな場所でカワセミを目撃するという話はよく耳にする。おそらく，感動と同時にそのときの状況が脳に強くインプットされ，似たような環境やカワセミのいそうな場所に行くと，"カワセミセンサー"が自動的に働き，姿を見つけられるようになるのだと思う。
　私も，一度も見たことのない鳥は，出会うまでに苦労する。鳥の行動が読めないため，こちらから積極的にアプローチできず，ただ闇雲に歩き回ることになる。しかし，その経験は必ず次の鳥見へとつながっていく。
　フィールドノートをつけはじめて10年。積み重ねたデータがやっとつながりと広がりをもってきた。新しい発見や体験は，データの空白部分をジグソーパズルのピースのように1つずつ埋めてくれる。それが楽しくて，今日もまたフィールドに足を運ぶ。

BIRDER SPECIAL
野鳥フィールドスケッチ もくじ

- **2** …… フィールドへ行こう
- **6** …… 野鳥に出会うには？
- **18** …… 春・夏の野鳥図鑑
- **40** …… 秋・冬の野鳥図鑑
- **50** …… 鳥見カレンダー

64	2006年10月	キレイな海が見たい〈神奈川県三浦半島城ヶ島〉
66	2006年11月	紅葉の中津川渓谷で鉱物採集〈埼玉県奥秩父〉
68	2006年12月	赤い鳥を探して亜高山帯の森を訪ねる〈長野，群馬，山梨，東京〉
70	2007年1月	多摩川からカモが消えた!?〈東京都〉
72	2007年2月	赤い鳥, 赤い花, 赤い石〈茨城県筑波山〉
74	2007年3月	さくらが咲いた！
76	2007年4月	サシバをもっと知りたくて
78	2007年5月	フクロウの巣立ちを見に〈茨城県〉
80	2007年6月	梅雨入り前に初夏の高原を楽しむ〈群馬県川場村〉
82	2007年7月	雲上の楽園, 草津白根山を訪ねる〈群馬県〉
84	2007年8月	涼を求めて照ヶ崎海岸のアオバトを観に〈神奈川県大磯町〉
86	2007年9月	いざ白樺峠へ！〈長野県松本市〉
88	2007年10月	イヌワシのすむ谷へ！
90	2007年11月	晩秋のフィールドを楽しむ〈群馬県川場村, 茨城県久慈川, 山田川〉
92	2007年12月	再び久慈川へ〈茨城県大子町〉
94	2008年1月	首都圏に舞い降りたヘラサギを観に〈茨城県菅生沼〉
96	2008年2月	コミミズクが帰ってきた！〈首都圏の米軍基地〉
98	2008年3月	静岡は野鳥のワンダーランドだった〈静岡県西部地方〉
100	2008年4月	サクラ咲く南アルプス 甲斐駒ヶ岳山麓へ〈山梨県白州町〉
102	2008年5月	屋敷林──住宅地に残る稀少な繁殖地〈東京都西多摩地区〉
104	2008年6月	北信濃 鳥見旅①〈長野県志賀高原〉
106	2008年6月	北信濃 鳥見旅②〈戸隠高原→野尻湖→斑尾高原〉
108	2008年8月	東京湾 シギチ秋の渡り
110	2008年9月	白樺峠 タカの渡り〈長野県松本市〉

112	2008年10月	マガンのネグラ立ちネグラ入り（新潟県大潟町朝日池）
114	2008年11月	市街地の公園に冬鳥がやって来た（東京都清瀬市金山緑地公園）
116	2008年12月	オオタカのハンティング（埼玉県所沢市狭山湖）
118	2009年1月	オープングランドで冬の猛禽を楽しむ（利根川水系の田園地帯, 渡良瀬遊水地）
120	2006年2月	アリスイ・アオシギ・コクマルガラスを観に（神奈川県横浜市舞岡公園, 群馬県板倉町）
122	2009年3月	キレイな鳥を観に！（神奈川県横浜市県立境川遊水池公園, 埼玉県さいたま市秋ヶ瀬公園）
124	2009年4月	フクロウの巣立ちを観に（Ⅱ）（首都圏のとある神社）
126	2009年5月	やっと出会えたサンカノゴイ（千葉県）
128	2009年6月	雪渓にタカが舞う（新潟県奥只見銀山平）
130	2009年7月	休耕田で子育てをするバン（埼玉県さいたま市, 千葉県印旛郡）
132	2009年8月	シギチ渡りの中継地, 休耕田（茨城県）
134	2009年9月	タカの渡りが見えない!?（東京都多摩）
136	2009年10月	南房総, 白浜——クロサギ（千葉県）
138	2009年11月	キクイタダキに会いに（東京都檜原村都民の森）
140	2009年12月	雪の八ヶ岳山麓（山梨県）
142	2010年1月	冬のアシ原——ケアシノスリ（栃木県渡良瀬遊水地）
144	2010年2月	首都圏では珍しい鳥たち
146	2010年3月	ヤツガシラを観に（千葉県富津市）
148	2010年4月	関東で繁殖するトラフズク
150	2010年5月	春の海（神奈川県三浦半島城ヶ島）
152	2010年6月	アジサシを観に（福島県いわき市, 茨城県波崎, 千葉県印旛沼）
154	2010年7月	騒がしい7月
156	2010年8月	ツバメチドリ飛ぶ（茨城県稲敷郡）
158	2010年9月	感動のタカ観！

野鳥に出会うには？

バードウォッチングの楽しさは，
自分で鳥を見つけられるようになったところから始まるもの。
そのためには，鳥の生態に関する多少の知識も必要だ。
次ページからは，野鳥が生息する環境と，
彼らの季節に応じた行動の一部を紹介。
身近なフィールドはもちろん，少し遠出をするときなど，
掲載した内容をヒントに，野鳥とのステキな出会いを体験してください。

7

公園
春 夏

比較的,鳥を見つけやすい公園では,身近な鳥たちのさまざまな行動をしっかり観察したい。

Ⓐハシブトガラス
Ⓑツミ 
Ⓡヒヨドリ 
Ⓠムクドリ  
Ⓟスズメ 
Ⓞカワセミ 
Ⓝコサギ夏羽 
Ⓜハクセキレイ♂夏羽

渡り途中の夏鳥たち

ⓒオオルリ♂
ⓓキビタキ♂
ⓔセンダイムシクイ
ⓕキジバト
ⓖウグイス
ⓗツバメ
ⓘアオジ♂
ⓙオオヨシキリ
ⓚカイツブリ
ⓛカルガモ

里山
春 夏

葉の生い茂った林では、鳥を見つけるのは難しい。声をたよりに鳥を探してみよう。

Ⓐフクロウ（ヒナ）

Ⓑアオゲラ

Ⓠガビチョウ

Ⓟチュウサギ夏羽

Ⓞアマサギ

Ⓝムナグロ

Ⓜタマシギ♀

Ⓛキジ♂

10

Ⓒサシバ 　　Ⓓサンコウチョウ♂ 　　Ⓔメジロ

Ⓕカッコウ

Ⓖアオバズク

Ⓗハシボソガラス

Ⓚコジュケイ 　　Ⓙホオジロ♂ 　　Ⓘカワラヒワ

高原
夏

涼しい風が吹く高原は，
声も姿も美しい夏鳥たちの楽園。
目立つ場所でさえずるので
姿も見やすい。

Ⓐオオルリ♂

Ⓑキビタキ♂

Ⓠジュウイチ

Ⓟアカゲラ♂

Ⓞニュウナイスズメ♂

Ⓝカワガラス

Ⓜミソサザイ

Ⓛマミジロ♂

Ⓒノスリ　Ⓓアマツバメ　Ⓔイヌワシ幼鳥

Ⓕホトトギス

Ⓖオオジシギ

Ⓗノビタキ♂夏羽

Ⓚアカモズ　Ⓙコルリ♂　Ⓘホオアカ

川
春夏

見晴らしのいい河原では，河川敷の石の上や中州の茂みだけでなく，上空を飛ぶ猛禽類にも注目！

Ⓐチョウゲンボウ♂
Ⓑトビ
Ⓠイカルチドリ夏羽
Ⓟアオサギ夏羽 
Ⓞゴイサギ夏羽 
Ⓝヒバリ  
Ⓜカワウ（婚姻色） 
Ⓛダイサギ夏羽

ⓒヒメアマツバメ
Ⓓミサゴ♂
Ⓔバン
Ⓕヒクイナ
Ⓖササゴイ
Ⓗイソシギ
Ⓘキセキレイ♂
Ⓚコシアカツバメ
Ⓙセッカ

15

海 春夏

干潟で採食するシギ・チドリ類は姿形が似ているので、見分けるのが難しい。でも、それも鳥見の楽しさの一つだ。

Ⓐ ウミネコ夏羽
Ⓑ コアジサシ夏羽 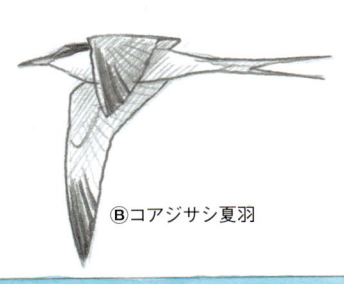
Ⓠ クロサギ 
Ⓟ イソヒヨドリ♂  
Ⓞ キョウジョシギ♂夏羽 
Ⓝ キアシシギ夏羽 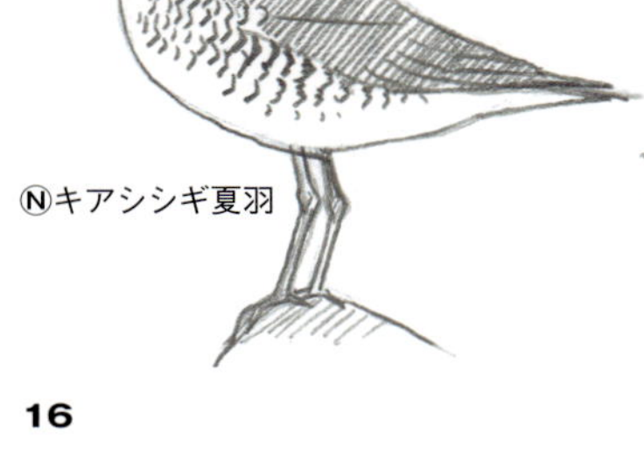
Ⓜ シロチドリ♀ 
Ⓛ ソリハシシギ夏羽

Ⓒオオミズナギドリ

Ⓓハヤブサ

Ⓔミヤコドリ

Ⓕチュウシャクシギ

Ⓖメダイチドリ夏羽

Ⓗハマシギ夏羽

Ⓚトウネン夏羽

Ⓙダイゼン夏羽

Ⓘダイシャクシギ

春・夏の野鳥図鑑

主に4～9月に観察しやすい野鳥84種を紹介。
フィールドに出かけるのが気持ちいい時期，
さまざまな環境に出かけて，鳥との出会いを楽しんで欲しい！

カイツブリ　L26cm
夏羽では頬から喉が赤褐色。体つきは丸く，尾は短い。冬羽では喉から首にかけて黄白色。♪「キリッキリッキリッ」

冬羽

夏羽

オオミズナギドリ　L48cm
翼下面は下雨覆が白色で，風切が褐色。体上面は黒褐色で，背に淡褐色の斑がある。嘴はピンク色。

繁殖羽
♂
♀

カワウ　L81cm
全身光沢のある黒色で，背と翼上面に暗褐色のウロコ模様がある。繁殖期は頭が白くなり，腰の両脇に白斑が入る。

成鳥夏羽

幼鳥

ゴイサギ　L58cm
成鳥は頭上と背が紺色で，虹彩は赤く足は黄色。幼鳥の虹彩は黄色く，翼に白斑が入る。

夏羽

ササゴイ　52cm
頭上は青味のある黒色で，首の後ろに長い黒色の冠羽がある。翼は淡い紺色で羽縁は白色。虹彩と足は黄色。

夏羽

アマサギ　L50cm
頭から首，胸は橙黄色。嘴は黄色で，足は黒色。

18

チュウサギ L68cm
全身白く,夏羽では嘴が黒色で眼先は黄色。胸と背に飾り羽がある。冬羽では,嘴は黄色。口角は眼の下までのびる。

夏羽

ダイサギ L90cm
全身白く,夏羽では嘴が黄色で眼先は青緑色。冬羽では,嘴は黄色。口角は眼の後ろまでのびる。

夏羽
(婚姻色)

夏羽

コサギ L61cm
全身白く,嘴と足は黒色で足指は黄色。夏羽では後頭に2本の長い冠羽がある。

クロサギ L58cm
黒色型は全身がすすけた感じの黒色。後頭に短い冠羽がある。

夏羽

アオサギ L93cm
体上面は青味を帯びた灰色。頭は白く,両眼の上から後頭にかけて黒帯がある。夏羽の嘴は黄色。

カルガモ L61cm
嘴は黒く,先端は黄色。顔は白っぽく,左右に2本の黒線が入る。

♀

春・夏の野鳥図鑑

ミサゴ L57cm
頭と喉からの下面が白く、胸に褐色の斑がある。過眼線は黒褐色。♪「ピョッピョッ」

トビ L60cm
全身赤味がかった黒褐色。翼下面の初列風切基部に白斑がある。尾は凹形で、広げると角張って見える。♪「ピーヒョロロロロ」

サシバ L49cm
上面は茶褐色で、眉斑は白色。喉は白く、中央に黒褐色の縦線が1本ある。成鳥の虹彩は黄色。♪「ピックイー」

ツミ L♂27cm, ♀32cm
雄の上面は黒青色で、胸から脇はオレンジ色。虹彩は赤色。雌の下面は白く、黒褐色の横斑がある。虹彩は黄色。

キジ L♂81cm, ♀58cm
雄は、顔の裸出部（肉垂）が赤く、首は金属光沢のある紫色。雌は全身が褐色で黒褐色の斑がある。♪「ケーン、ケーン」「コォーコォー」

コジュケイ L28cm
額から眉斑と上胸は青灰色。喉と下胸は赤茶色。♪「ピョックワッ、ピョックワッ」

ヒクイナ L23cm
頭から腹は赤褐色で、体上面は一様に緑褐色。嘴は黒く、足は赤色。

20

ノスリ L55cm
上面は褐色味が強く、羽縁はバフ色。太い顎線がある。成鳥の虹彩は暗褐色、幼鳥は黄色。

イヌワシ L84cm
全身が黒褐色で、後首は金茶色。飛翔時は、翼をやや上へ反らせたV字形に見える。

ハヤブサ L♂42cm, ♀49cm
上面は暗青灰色。下面は白く、黒褐色の横斑がある。頬のひげ状の黒斑が特徴。

チョウゲンボウ L35cm
雄の頭は青灰色。下面は淡色で、黒褐色の斑がある。尾の先端には太い黒帯がある。♪「キィキィ, キッ, キッ」

タマシギ L24cm
眼の周囲のまが玉形の斑が特徴で、雄は黄褐色で雌は白色。

バン L32cm
全身黒く、上面に褐色味がある。嘴基部と額板は赤く、嘴先端は黄色。

ミヤコドリ L45cm
頭と胸、体上面は黒色。赤くて長い嘴が特徴。♪「ピッ, ピッ」

21

春・夏の野鳥図鑑

イカルチドリ L21cm
眼先から頬が黒褐色で，胸には黒帯がある。アイリングは黄色。足は淡黄色で長い。

シロチドリ L17cm
眼先と頬は黒色で，額と眉斑は白色。胸の黒帯は中央で切れる。

メダイチドリ L19cm
夏羽では眼先や頬が黒く，胸はオレンジ色。冬羽では，顔の黒色部や胸のオレンジ色が褐色になる。

ムナグロ L24cm
顔，胸，腹は黒色。上面には黄，黒，白の斑が入る。嘴は細くて黒い。

ダイゼン L29cm
顔，胸，腹は黒色。上面が黒っぽいことで，似ているムナグロと区別できる。

キョウジョシギ L22cm
背と翼上面は赤褐色と黒色の模様。足はオレンジ色で短く，ずんぐりして見える。

トウネン L15cm
頭と胸，背は赤褐色。嘴は短い。足は黒色で短く，ずんぐりして見える。

ハマシギ 21cm
夏羽は体上面が赤褐色で，黒褐色の斑がある。腹にも大きな黒色斑。冬羽では，頭や背は一様に灰褐色。

22

夏羽

キアシシギ L25cm
体上面は灰褐色で、胸と脇に波形の横縞がある。嘴は黒くまっすぐで、足は黄色。

イソシギ L20cm
体上面は褐色で、胸の脇から翼角に白色部がくい込むのが特徴。足は黄緑色で短い。

夏羽

ソリハシシギ L23cm
上に反り返った長い嘴が特徴。足はオレンジ色で短く、体上面は灰褐色。夏羽では、肩羽の黒色部が目立つ。

ダイシャクシギ L58cm
頭の3倍もある大きく下に曲がった長い嘴が特徴。体下面は白く、顔から胸に黒褐色の縦斑がある。

夏羽

オオジシギ L30cm
飛びながら「ジェジェ」と鳴き、「ズビャーク、ズビャーク」という声とともに急降下する。

夏羽

チュウシャクシギ L42cm
頭の2倍ほどの下に曲がった長い嘴が特徴。頭央線は白色、頭側線は黒褐色。

夏羽

ウミネコ L47cm
嘴は黄色く、先端に赤と黒の斑がある。頭は白く、足は黄色。

夏羽

コアジサシ L24cm
額は白く、頭上と後首、過眼線は黒色。嘴は黄色く、先端は黒色。体上面は青灰色。

23

春・夏の野鳥図鑑

カッコウ L35cm
頭や体上面、胸は青灰色。虹彩は黄色または橙褐色。腹は白く、細く黒い横縞がある。♪「カッコウ、カッコウ」

ジュウイチ L32cm
上面は灰黒色。尾の先端の太い黒帯が目立つ。後首に白斑がある。♪「ジュウイチー、ジュウイチー」

ホトトギス L28cm
頭や体上面、胸は青灰色。虹彩は暗色。腹は白く、胸の横縞は粗い。♪「キョッキョ、キョキョキョキョ」

アオバズク L29cm
頭と体上面は黒褐色。体下面は白く、褐色の粗い縦斑がある。虹彩は黄色

キジバト L33cm
頭はぶどう色を帯びた灰褐色。首に青灰色と黒の横縞がある。♪「デデー、ポッポー」

フクロウ L50cm
体下面は白く、褐色の縦斑がある。尾には褐色の横斑がある。虹彩は暗褐色

アオゲラ L29cm
雄は頭上から後首にかけてと、顎線が赤色。雌は後頭のみ赤色。背や腰、尾はどちらも緑褐色

アカゲラ L24cm
雄は頭上が黒く、後頭は赤色。雌は後頭が赤くない。翼は黒色で小さな白斑がある

ヒバリ L17cm
上面は褐色で、黒褐色の斑がある。頭頂に冠羽がある。胸に黒褐色の縦斑があり、下腹は白色

ヒメアマツバメ L13cm
頭からの上面は黒褐色。喉と腰, 上尾筒は白色。尾は短く, 浅い凹形

アマツバメ L20cm
上面は黒褐色で腰は白色。下面は黒褐色で, 汚白色の横斑がある。翼は三日月形で, 尾は深い凹形

ツバメ L17cm
喉は赤褐色で, 胸に黒帯がある。尾は長く燕尾。飛翔時, 下雨覆は汚白色。雄のほうが尾羽が長い。

コシアカツバメ L19cm
頭上, 背, 上尾筒, 尾は光沢のある黒色。下面には黒褐色の細い縦斑がある。尾は長く, 切れ込みの深い燕尾

カワセミ 17cm
上面は光沢のある青緑色。喉から前首は白く, 胸から腹は橙色。雌の下嘴はオレンジ色

キセキレイ L20cm
頭上から背は灰色。白い眉斑と顎線が目立つ。下面と腰は黄色で, 脇はやや白い

ハクセキレイ L21cm
雄は頭上から背が黒く, 雌の背は灰色味が強い。黒い過眼線があり, 胸は黒色

春・夏の野鳥図鑑

ヒヨドリ　L28cm
頭は灰白色で，短い冠羽が目立つ。目の後方の耳羽は赤褐色。下尾筒は灰褐色で，白い羽縁が目立つ。♪「ピーヨ，ピーヨ」

アカモズ　L20cm
上面は鮮やかな赤褐色。白い眉斑と黒い過眼線が目立つ。脇は橙褐色

カワガラス　L22cm
ほぼ全身濃い茶色で，翼と尾羽は黒褐色。尾が短く，ずんぐりした体形

ミソサザイ　L11cm
ほぼ全身茶褐色で，黒褐色の横斑がある

コルリ　L14cm
雄は上面が暗青色で，下面は白色。眼先から側胸は黒色。雌の上面はオリーブ褐色で，胸と脇腹に褐色味がある

ノビタキ　L13cm
雄は頭，背，尾が黒色で，胸はオレンジ色。雌は，上面が黒褐色で，胸は淡褐色

26

イソヒヨドリ L23cm
雄は頭と体上面，胸が青色で，体下面は赤褐色。雌の上面は褐色で，下面は黒褐色のウロコ模様が目立つ

マミジロ L23cm
雄は全身黒く，白い眉斑が目立つ。雌の上面はオリーブ褐色で，白い眉斑がある

ウグイス L16cm
上面は緑色味のある茶褐色で，下面は汚白色。眉斑は淡褐色。♪「ホーホケキョ」

オオヨシキリ L18cm
上面はオリーブ褐色で，眉斑は淡褐色。口内はオレンジ色。♪「ギョギョシ，ギョギョシ，ギョギョ」

センダイムシクイ L13cm
上面は緑色味のあるオリーブ褐色で，眉斑は黄白色。♪「チヨチヨビィー」

セッカ L13cm
上面は黄褐色で，白っぽい眉斑がある。夏羽の頭上は黒褐色で，冬羽は黄褐色の地に黒褐色の縦斑がある

27

春・夏の野鳥図鑑

キビタキ　L14cm
雄は上面が黒く，眉斑と腰は黄色。喉からの下面はオレンジ色。雌は上面がオリーブ褐色で，下面は汚白色

オオルリ　L16cm
雄は上面が青紫色。眼先と喉，頬は黒く，下腹は白色。雌は上面がオリーブ褐色で，下面は淡褐色

サンコウチョウ　L♂45cm, ♀18cm
雄は頭と胸が黒く，尾羽が非常に長い。アイリングはコバルトブルー。雌の尾羽は茶褐色であまり長くない

メジロ　L12cm
上面は黄緑色で，アイリングは白色。喉から上胸は黄色く，下面は汚白色

ホオジロ　L17cm
雄は眉斑，頬線，喉が白く，耳羽と顎線は黒色。雌は全体に羽色が淡く，耳羽と顎線は褐色で眉斑も褐色味を帯びる

ホオアカ　L16cm
頭から後首は青灰色で黒い縦斑がある。耳羽は赤褐色

アオジ L16cm
雄は頭上と耳羽が灰緑色で，眼先と喉は黒色。雌は全体的に淡色で，眉斑と頬線はやや黄色味を帯びる

カワラヒワ L15cm
頭上と後首は灰黒色で，背はオリーブ褐色。黄色い翼帯が目立つ

ニュウナイスズメ L14cm
雄は頭上から腰が褐色で，背に黒い縦斑がある。過眼線と喉は黒色。雌は上面が灰褐色で，淡黄色の眉斑が目立つ

ムクドリ L24cm
頭は黒く，眼先や額，耳羽に白斑がある。嘴と足は橙黄色。腰は白色。
♪「キュルキュル」

スズメ L14cm
頭上は茶褐色で，喉は黒色。耳羽に黒斑がある

ガビチョウ L25cm
上面はオリーブ褐色で，額と腰は黄褐色。眼の周囲の白い色が後ろへのびる。外来種

ハシボソガラス L50cm
全身黒く，紫色の光沢がある。嘴は細く，上嘴はやや湾曲する。
♪「ガー，ガー」

ハシブトガラス L57cm
全身黒く，紫色の光沢がある。嘴は太く，上嘴は大きく湾曲する。
♪「アーアーアー，カァー」

29

公園
秋 冬

都市公園の池には，カモの仲間がやってくる。また，落葉した木の枝に止まる小鳥たちも観察しやすい。

Ⓐマガモ
Ⓑオナガガモ 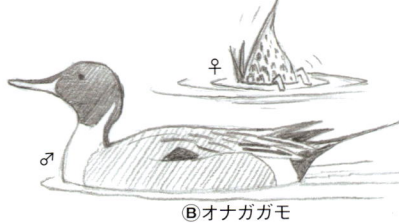
Ⓠシメ 
Ⓟジョウビタキ♂  
Ⓞルリビタキ♂ 
Ⓝエナガ 
Ⓜクイナ 
Ⓛハシビロガモ♂ 

30

ⓒヒドリガモ♂　　Ⓓキンクロハジロ　　Ⓔハイタカ

Ⓕゴイサギ幼鳥

Ⓖイカル

Ⓗソウシチョウ

Ⓚキセキレイ冬羽　　Ⓙアカハラ　　Ⓘシロハラ♂

里山
秋冬

刈り取りの終わった田んぼや休耕田は見通しがよく、鳥が探しやすい。驚かさないように遠くからそっと観察したい。

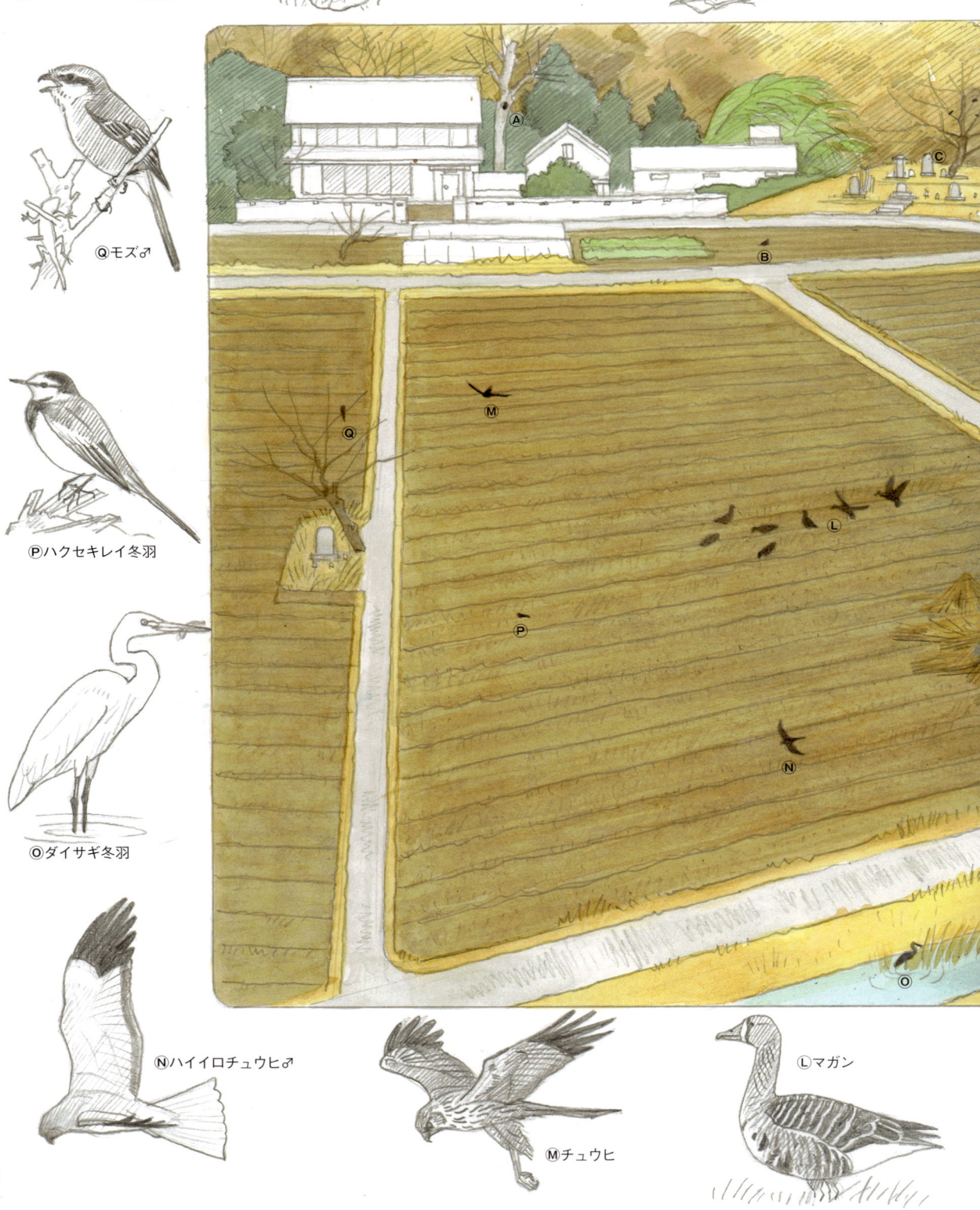

Ⓐ オオコノハズク
Ⓑ ツグミ
Ⓠ モズ♂
Ⓟ ハクセキレイ冬羽
Ⓞ ダイサギ冬羽
Ⓝ ハイイロチュウヒ♂
Ⓜ チュウヒ
Ⓛ マガン

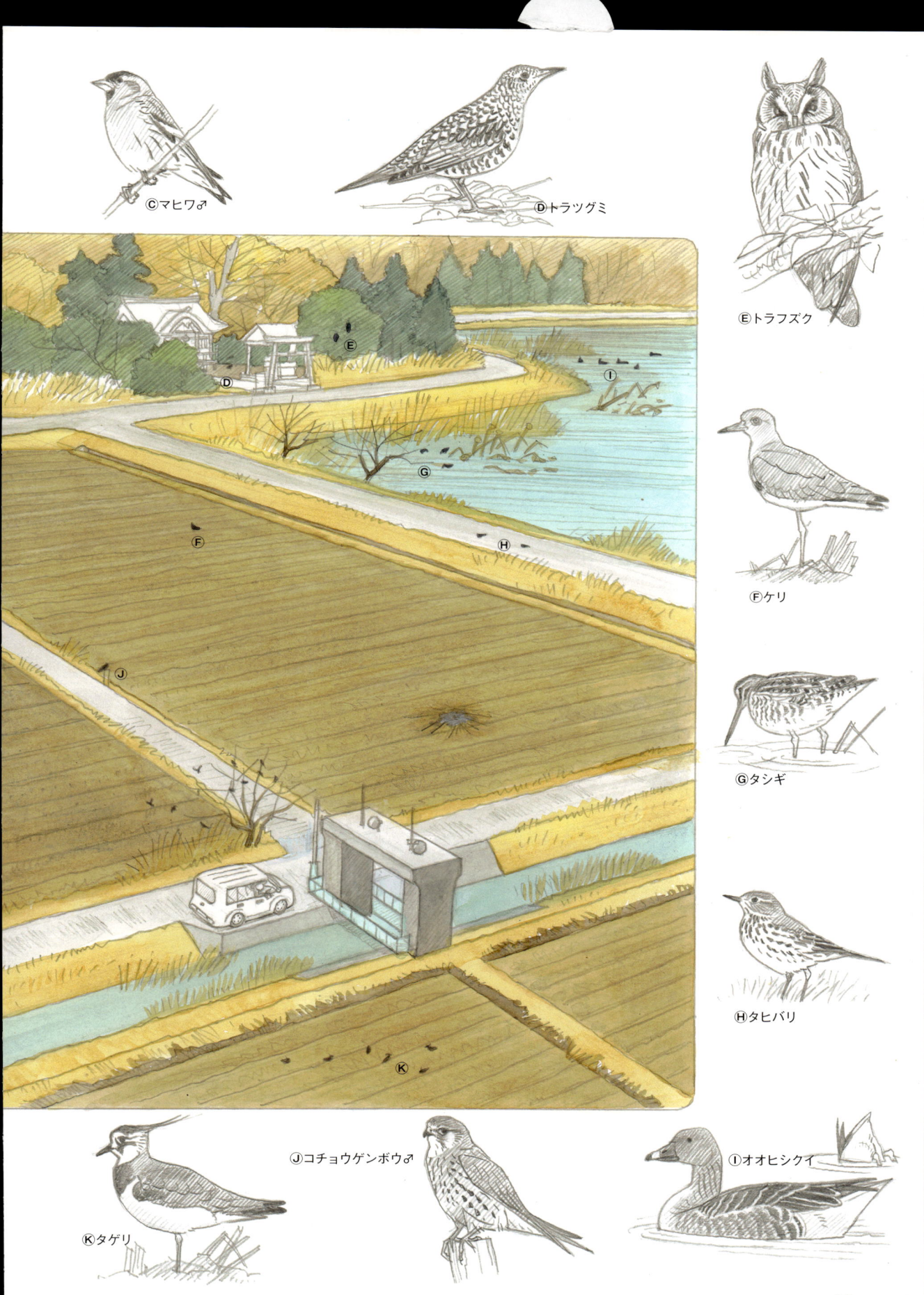

Ⓒマヒワ♂　Ⓓトラツグミ　Ⓔトラフズク　ⒻケリⒼタシギ　Ⓗタヒバリ　Ⓙコチョウゲンボウ♂　Ⓘオオヒシクイ　Ⓚタゲリ

33

高原
秋

雑木林にはカラ類の群れや冬の"赤い鳥"と呼ばれるアトリ科の鳥たちが飛来する。紅葉や雪との組み合わせを楽しもう。

Ⓐコガラ　Ⓑヒガラ　Ⓒヤマガラ

Ⓠオオアカゲラ♂

Ⓟゴジュウカラ

Ⓞコゲラ

Ⓝヤマドリ♂

Ⓜミヤマホオジロ♂冬羽

Ⓓアトリ♂冬羽
Ⓔクマタカ
Ⓕイスカ♂
Ⓖウソ
Ⓗキクイタダキ
Ⓘフクロウ
Ⓛカシラダカ冬羽
Ⓚアオシギ
Ⓙオオマシコ♂

35

川
秋 冬

土手の上から水面に浮かぶ
カモ類を眺めながら，
河川敷に広がるアシ原を飛ぶ
コミミズクに期待。

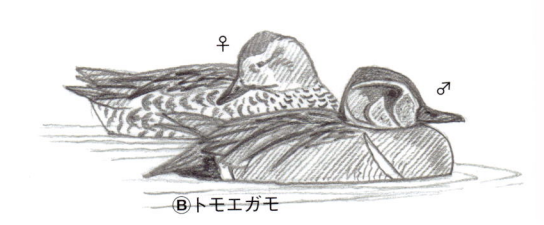

Ⓐオオハクチョウ

Ⓑトモエガモ

Ⓠオオタカ

Ⓟセグロセキレイ

Ⓞオオジュリン冬羽

Ⓝオオバン

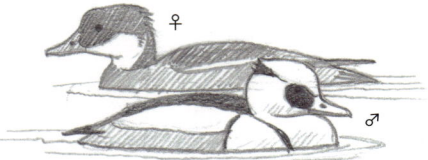

Ⓜミコアイサ

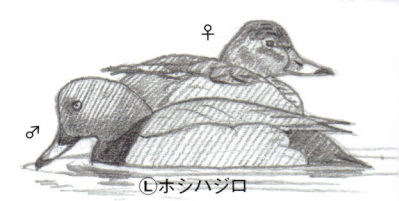

Ⓛホシハジロ

36

Ⓒユリカモメ冬羽　Ⓓコミミズク　Ⓔノスリ

Ⓕヤマセミ

Ⓖベニマシコ

Ⓗアリスイ

Ⓘコハクチョウ

Ⓚホオジロガモ　Ⓙコガモ

海
冬

防寒対策をしっかりして、見た目が似ているカモメ類や海ガモ類の識別に挑戦！

Ⓐ オオセグロカモメ冬羽
Ⓑ セグロカモメ冬羽
Ⓠ ウミネコ冬羽
Ⓟ シロカモメ冬羽
Ⓞ ワシカモメ冬羽
Ⓝ カモメ冬羽
Ⓜ ミユビシギ冬羽
Ⓛ クロガモ

38

Ⓒウミアイサ♂　　Ⓓハイイロウミツバメ

Ⓔハシボソミズナギドリ

Ⓕアビ冬羽

Ⓖヒメウ冬羽

Ⓗウミウ

Ⓚハジロカイツブリ冬羽　　Ⓙシノリガモ　　Ⓘスズガモ

秋・冬の野鳥図鑑

主に10～3月に観察しやすい野鳥77種を紹介。
冬の雑木林には，カラの仲間が木の実を求めてやってくる。
猛禽類も活発に動く時期なので，上空にも要注意！
また，姿形がよく似たカモ類の雌や，カモメ類の識別にも挑戦してみたい。

アビ L61cm
嘴は少し上に反っているように見える。冬羽の頭から後首は黒褐色で，喉から腹にかけては白色。夏羽の前首は赤褐色

ハジロカイツブリ L30cm
虹彩は赤色。冬羽の頭部と背，翼は黒褐色で，喉は白色。夏羽では眼の後方に金色の飾り羽が三角形に広がる

ハイイロウミツバメ L21cm
全身青灰色で，眼の周辺は黒色。下雨覆は灰黒色。海が荒れると港に入ることがある

ハシボソミズナギドリ L42cm
翼上面は黒褐色で下面はやや淡い。嘴は黒色で，額が出っ張っている

ウミウ L84cm
全身光沢のある黒色で，背と翼上面は緑色味を帯びる。繁殖期になると，頭部に細く白い羽が現れ，腰の両脇には白斑が入る

ヒメウ L73cm
全身緑色の光沢を帯びた黒色。冬羽では顔の裸出部や頭の冠羽が小さくなる。ほかのウ類に比べて嘴が細い

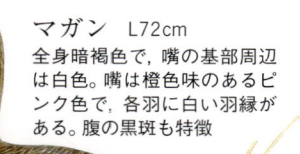

マガン L72cm
全身暗褐色で，嘴の基部周辺は白色。嘴は橙色味のあるピンク色で，各羽に白い羽縁がある。腹の黒斑も特徴

ヒシクイ L85cm
全身暗褐色。嘴は黒く，先端付近は黄色。腹は一様に白色で，足はオレンジ色

オオハクチョウ L140cm
全身白色。嘴は先端が黒く、基部は黄色。幼鳥は全身が淡い灰褐色

コハクチョウ L120cm
全身白色。オオハクチョウに比べて、嘴基部の黄色部が黒色部より小さい。幼鳥は全身が淡い灰褐色で、嘴の一部はピンク色

マガモ L59cm
雄の頭は緑色光沢のある黒色。嘴は黄色で先端は黒い。白い首輪が特徴。雌は全身が褐色で黒褐色の斑が入る。嘴はオレンジ色で上部は黒い

コガモ L38cm
雄は頭と頬が栗色で、目の周囲から後首にかけては緑色。背と腹には白黒の細かい模様が入る。雌は全身が褐色で黒褐色の斑が入る

トモエガモ L40cm
雄の顔は黒、黄白色、緑色の勾玉形の模様が入る。雌は全身が褐色で黒褐色の斑が入る。嘴基部には白い丸斑がある

ヒドリガモ L49cm
雄の頭は赤褐色で、額から頭頂は黄白色。嘴は青灰色で先端は黒い。雌は全身が赤褐色で、雨覆は灰褐色

オナガガモ L♂75cm ♀53cm
雄の嘴は黒く両側は青灰色。頭部は焦げ茶色で、首から胸にかけては白色。長い尾羽が特徴。雌は全身が褐色で、黒褐色の斑が入る。ほかのカモ類の雌より尾羽が長い

ハシビロガモ L50cm
雄の嘴は黒くて幅広。頭は緑色や青紫色光沢のある黒色。胸は白色で腹は赤茶色。虹彩は黄色。雌の嘴も幅広で淡い黄色。全身褐色で黒褐色の斑が入る。虹彩は褐色

41

秋・冬の野鳥図鑑

ホシハジロ L45cm
雄の頭と首は赤褐色で胸は黒色。嘴の先端と基部は黒く、中ほどは青灰色。虹彩は赤色。雌は目の周囲と後ろに淡色の線が入る。虹彩は褐色

キンクロハジロ L40cm
雄の頭,胸,上面は黒色で,後頭に冠羽がある。嘴は青灰色で先端は黒い。雌は全身黒褐色で,冠羽は雄より短い。虹彩は雌雄とも黄色

クロガモ L48cm
雄は全身黒色で,上嘴基部が黄色いこぶ状になっている。雌は全身黒褐色で,頬と喉は淡い灰色

スズガモ L45cm
雄の頭から胸にかけては緑色光沢のある黒色。背には白地に細い黒色の波斑が入る。腹と脇は白色。雌は全身褐色で嘴基部に白斑が入る。虹彩は雌雄とも橙黄色

シノリガモ L43cm
雄の頭から背,胸にかけては光沢のある青色の地に複雑な白斑が入る。腹と脇は赤褐色。雌は全身黒褐色で,顔の前面と頬に白斑が入る

ホオジロガモ L45cm
雄の頭は緑色光沢のある黒色で,嘴基部に丸い白斑がある。雌の頭と背は褐色で,嘴は黒く先端は橙色。虹彩は雌雄とも黄色

ミコアイサ L42cm
雄は全身白色で,眼の周囲と後頭に黒斑がある。頭には冠羽がある。雌の頭は茶褐色で,目先は黒っぽい

ウミアイサ L55cm
雄の頭は緑色光沢のある黒色で,後頭にはボサボサの冠羽がある。雌の頭は茶褐色。赤い嘴は細長く,先端はカギ状に曲がる

ハイタカ　L♂32cm　♀39cm
雄の上面は暗い青灰色。頬から脇は橙褐色で、胸から腹には橙褐色の横斑がある。雌はひと回り大きく、上面は褐色味を帯びる

オオタカ　L♂50cm　♀56cm
上面は暗い青灰色。下面は白く、黒褐色の細い横斑がある。眉斑は白色で虹彩は橙色

クマタカ　L♂72cm　♀80cm
頭と頬は黒褐色で、後頭に冠羽がある。胸は白く黒褐色の縦斑があり、腹には淡い褐色の横斑がある。雌雄ほぼ同色

ハイイロチュウヒ　L48cm
雄は頭と背、胸が灰色で、虹彩は黄色。雌は全身褐色で、黒褐色や茶褐色の斑がある。飛翔時は翼をV字形に反らす

コチョウゲンボウ　L31cm
雄の頭上と体上面は青灰色で、眉斑はクリーム色。下面は橙褐色で黒褐色の縦斑がある。雌の頭上と体上面が灰褐色で、淡いバフ色の斑がある

チュウヒ　L52cm
雌雄ともに羽色の個体差が大きい。翼を浅いV字形にして飛ぶ

43

秋・冬の野鳥図鑑

ヤマドリ L♂125cm ♀55cm
雄は全身赤褐色で、頭から首、背は金色に光る。尾が非常に長く、黒と赤褐色の横帯がある。日本固有種

クイナ L29cm
体上面は褐色で黒い縦斑がある。顔から胸は青灰色で、腹と脇に白黒の縞模様が入る。冬羽では上嘴はぼ黒色で、下嘴は赤い

ケリ L36cm
頭は青灰色で、胸には黒い帯がある。背や肩羽は灰褐色で腹は白い。嘴は黄色く、先端は黒色。長くて黄色い足と赤い虹彩が特徴的

タゲリ L32cm
雌雄同色。頭頂と胸は黒褐色で、後頭には長い冠羽がある。上面は金属光沢のある緑色で、腹は白い。♪「ミュー」と子猫のような声で鳴く

オオバン L39cm
全身黒色で、額板(がくばん)から嘴は白色。♪「キュルルッ」「ケッ」と鳴く

夏羽

冬羽

ミユビシギ L19cm
冬羽の頭から上面は灰白色で、腹は白い。夏羽の頭、胸、体上面は赤褐色で、黒い斑がある。嘴は太く短い

タシギ L26cm
全身褐色で、複雑な模様が入る。嘴は細長く、眉斑は黄白色。♪飛び立つときに「ジェッ」と鳴く

アオシギ L31cm
体上面と下面に細かい横縞が密に入る。嘴は細長く、肩羽に白斑がある。山地の渓流などにすむ

44

セグロカモメ L61cm
冬羽
雌雄同色。背は青灰色で頭と体下面は白色。頭から首にかけて褐色の小さな斑が密に入る。嘴は黄色で，下嘴先端に赤い斑がある。足はピンク色

オオセグロカモメ L64cm
冬羽
雌雄同色。背は黒灰色で頭と体下面は白色。頭から首にかけて灰褐色の斑がある。嘴は太くて黄色く，下嘴先端に赤い斑がある

シロカモメ L71cm
冬羽
雌雄同色。背は淡い青灰色で頭と体下面は白色。頭から首にかけてもやもやとした灰褐色の斑がある。嘴は黄色で，下嘴先端に赤い斑がある

ユリカモメ L40cm
冬羽
背は淡い青灰色で頭は白く，頬に黒斑がある。嘴は赤く，先端のみ黒色

カモメ L43cm
冬羽
雌雄同色。背は青灰色で頭から体下面は白色。頭から首にかけて灰褐色の斑がある。嘴は黄色で，先端付近に黒い斑がある

ワシカモメ L65cm
冬羽
雌雄同色。背は淡い青灰色（シロカモメより少し濃い）で頭と体下面は白色。頭から胸にかけてもやっとした褐色の斑がある

オオコノハズク L24cm
雌雄同色。全身灰褐色で，黒や灰色の複雑な斑がある。虹彩は橙色。ずんぐりした体形のため，長い羽角が目立つ

コミミズク L38cm
雌雄同色。全身淡い褐色で，黒褐色や褐色の斑が複雑に入る。虹彩は黄色。羽角は短くほとんど見えない

トラフズク L36cm
雌雄同色。体下面は淡い褐色で，黒褐色の縦斑と細かい横斑がある。虹彩は橙色。羽角は長い

秋・冬の野鳥図鑑

ヤマセミ L38cm
雌雄ほぼ同色。上面は白黒のまだら模様。冠羽が目立つ。♪「キャラッ」「キョッ」と鳴く

アリスイ L18cm
雌雄同色。喉から胸にかけては黄褐色で，黒褐色の横斑がある。背と翼は灰褐色で，茶褐色や黒褐色の複雑な細かい模様が入る

オオアカゲラ L28cm
雌雄ほぼ同色。雄は頭上から後頭が赤い。アカゲラに似るが，ふた回りほど体が大きい。翼は黒く，小さな白斑がある

コゲラ L15cm
雌雄ほぼ同色。雄は後頭の両脇に小さい赤斑が入るが，野外では見えないことが多い。背と翼は黒褐色で，白い斑が横に並ぶ

セグロセキレイ L21cm
雌雄ほぼ同色。背と喉から胸は黒く，額から眉斑は白色。腹からの下面は白色。日本固有種

冬羽

タヒバリ L16cm
雌雄同色。頭からの上面は灰褐色で，不明瞭な眉斑がある。体下面は白色で，黒褐色の細い縦斑が入る

モズ L20cm
雄は頭上が茶褐色で，後首から腰は灰色。過眼線は黒色。雌は背と肩羽が褐色味のある灰色。過眼線は黒褐色。黒褐色の長い尾を円を描くように振る

ルリビタキ L14cm
頭上，背，尾は青色で，脇は橙色。眉斑は白く短い。地面と枝先を頻繁に行き来する

ジョウビタキ L14cm
雄は頭から後首が灰白色で，頬と喉は黒色。胸からの下面は橙色。雌は全体に灰褐色で，下腹や下尾筒は橙色。翼の白斑は雄より小さい

トラツグミ L30cm
雌雄ほぼ同色。頭と上面は黄褐色で，黒い斑がうろこ状に入る。平地から山地の薄暗い森などに生息する

ツグミ L24cm
雌雄ほぼ同色。眉斑と喉，胸の上部はクリーム白色で，胸と腹には黒褐色のうろこ模様がある

アカハラ L24cm
雌雄ほぼ同色。頭と体上面はオリーブ褐色。胸から脇腹は橙色で，腹の中央は白い。平地から山地の明るい林でよく見られる

シロハラ L25cm
雄の頭部は灰褐色で，体上面はオリーブ褐色。胸から腹は淡い褐色で，脇はオリーブ褐色。雌は頭部の灰色味が淡く，喉には褐色の縦斑がある

エナガ L14cm
雌雄同色。尾が長く，体は小さく丸みがある。頭上は白く眉斑は黒色。♪「ジュリリィ」など濁った声を出す

キクイタダキ L10cm
雌雄ほぼ同色。頭央線は黄色く，それをはさむように黒い線がある。体上面はオリーブ褐色。針葉樹を好む

秋・冬の野鳥図鑑

コガラ L13cm
雌雄ほぼ同色。頭上と喉は黒く、胸からの下面は白色。体上面は淡い褐色味のある灰色。山地の林で見られる

ヒガラ L11cm
雌雄ほぼ同色。頭上と喉は黒く、頬は白色。背は暗い青灰色。後頭に短い冠羽がある

ヤマガラ L14cm
雌雄ほぼ同色。額と頬は黄褐色。頭上と喉は黒色で体下面は茶褐色。♪「ニィニィ」と鼻にかかった声で鳴く

ゴジュウカラ L14cm
雌雄ほぼ同色。体上面は青灰色で過眼線は黒色。眉斑と頬、喉は白色で体下面は黄褐色

カシラダカ L15cm
雄冬羽と雌は頭上と耳羽が褐色で、黒褐色の縦斑がある。雄夏羽は頭上と眼先、耳羽が黒色。後頭に短い冠羽がある

ミヤマホオジロ L16cm
雄は眉斑と喉が黄色く、胸に逆三角形の黒斑がある。雌は眉斑の色が淡く耳羽は褐色。後頭に冠羽がある

オオジュリン L16cm
雄冬羽と雌は上面が淡い茶色で、黒褐色の縦斑がある。眉斑は白色。雄夏羽は頭部が黒く後首は白色。上面は茶色で黒い縦斑がある

ベニマシコ L15cm
雄の額や眼先，背，下面は深い紅色で，背には黒い縦斑がある。雌は全身褐色で，黒褐色の縦斑がある

ウソ L16cm
雄は頭と嘴の回りが黒く，頬と喉は赤い。体下面は灰色。雌は後首が灰色で，喉と頬，下面などは灰褐色

アトリ L16cm
雄夏羽は頭から背が黒く，喉から胸は橙色。雌は雄よりも全体的に羽色が淡い

マヒワ L12cm
雄は頭上が黒く，後首と背は黄色。雌の羽色は雄よりも全体に淡く，頭頂は緑色味のある黄色

イスカ L17cm
嘴が太く，上下の先端が交差する。全体に橙赤色で，翼と尾は黒褐色。針葉樹林を好む

イカル L23cm
雌雄ほぼ同色。頭部は青色光沢のある黒で，体は灰色味が強い。嘴は黄色で太く，大きい

シメ L19cm
頭が大きくずんぐりした体形。嘴の回りと目先，喉が黒く，翼は青色光沢のある黒色。冬羽の嘴は肉色

ソウシチョウ L15cm
喉から胸は淡い黄色で，上面は暗いオリーブ褐色。一年中さえずりが聞かれる外来種

3 March

鳥見カレンダー

鳥たちの季節による行動パターンがわかると、バードウォッチングはもっと楽しくなる。オリジナルの鳥見カレンダーを作ってみよう。

初旬

● 冬鳥たちが北へ旅立つ

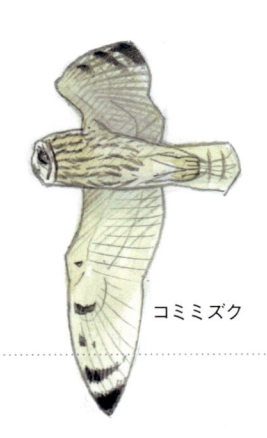

- コミミズク
- ケアシノスリ
- ハイイロチュウヒ
- タゲリ
- レンジャクの仲間

中旬

● 雑木林に春が来た！

冬鳥と夏鳥が入れ替わる時期。野鳥の数が減るので少し寂しいけれど、身近な鳥たちの様子に春の気配を感じる

ツピ.ツピ.ツピ
ツピ.ツピ.ツピ

林内にシジュウカラのさえずりが響く ♂

シジュウカラの雄がなわばりを巡って激しく争う。つかみ合ったまま地面に落ちることもある

下旬

● 春を告げるツバメの第1陣がやってくる

芽吹きはじめた木々の樹冠に小さな虫がわき立つころ、先陣を切ってツバメやキマユムシクイが渡ってくる

ツイーチィツイー.
キマユムシクイ

ツバメ

林からツミの初鳴きが聞こえてくるのもこの時期

キー.キシ.
キシ.キシ.キシ
キー.

ツミ♂

3月末に北へ旅立つジョウビタキ

ヒッ・ヒッ・ヒッ

ジョウビタキ♂

4 April

● 桜が咲くと，いよいよ夏鳥たちの季節が始まる

メジロ
スズメ
ヒヨドリ

桜の蜜を吸いに集まる鳥たち

市街地では4月末まで
サシバの渡りが見られる

←北へ
ヒヨドリの渡りは5月まで続く

サシバ ♂

ムナグロの渡り

● 里山

シメ
クヌギの虫こぶ
センダイムシクイ
マヒワ ♂
ヤマザクラ
遅くまで残っている冬鳥

ケーシ
ケーシ
バッバッ
キジのディスプレイ ♂ ♀

アマツバメ
イワツバメ

ヒリリリリ
ヒリリリリ
サンショウクイ

● 続々と夏鳥が渡ってくる

クロツグミ
ツツドリ
サシバの交尾が見られる
キビタキ

51

5 May

初旬

●亜高山帯（標高1,000～1,500m）
渡ってきたばかりの夏鳥たちが，求愛やなわばりを主張するため，目立つ場所でにぎやかにさえずる

ミソサザイ（留鳥）
コマドリ♂
ホトトギス♂
キビタキ♂
オオルリ♂
コルリ♂

5月も中旬になると巣にこもり，警戒心も強くなって姿を見せなくなる（営巣地には近づかないようにしよう）

中旬

●里山
フクロウの巣立ちやサンコウチョウの営巣が始まる

コジュリン♂
サンカノゴイ
フクロウのヒナ
サンコウチョウ♂

●水田
田植えの終わった水田や休耕田に渡り途中のシギ・チドリ類が群れる
（観察の際は，農作業の邪魔にならないように心がける）

キョウジョシギ
ハマシギ
ウズラシギ
エリマキシギ
キアシシギ
ツルシギ
チュウシャクシギ

下旬

●里山や市街地
獲物となる小鳥の巣立ちに合わせるようにツミの孵化（ふか）が始まる

ツミ♀
スズメ，ムクドリの巣立ちビナ
オオジシギ♂ ジェジェジェーッジェーシ
ザザザ・・・

●高原
渡ってきた夏鳥が繁殖を迎え，山間にはさえずり声が響き渡る

イヌワシ
カッコウを追うノビタキ
ノビタキ♂
ホオアカ
ノスリ

52

6 June

● **市街地**
例年，このころから7月中旬までカッコウの声が聞こえる　カッコウ♂　オナガやモズに托卵（たくらん）する

● **高原**
アカショウビンやアカモズなどの営巣が始まる

アマツバメ
ホトトギス
カッコウ
アカモズ
アカショウビン

● **早くも巣立つ鳥も・・・**
工業団地の倉庫で子育てをしたチョウゲンボウの巣立ち

営巣場所
親鳥が幼鳥に飛び方を教える
人知れず神社の古木で営巣するアオバズク　♂　♀
5～6月，ヒヨドリの営巣
チョウゲンボウの子育て中，たくさんのツバメの巣立ちビナが犠牲となった

● **里山**
ブッポウソウの営巣

カワセミやツミの巣立ち
カワセミ幼鳥
ツミ幼鳥

● **海岸**
シロチドリ♀
コアジサシ♀
シロチドリやコアジサシの抱卵が始まる

大工物にも営巣する

7 July

●**市街地**
ニイニイゼミの初鳴き

ニーイ ニーイ
ニイニイゼミ
セミはヒヨドリの好物

ヒヨドリのヒナは昆虫やトカゲ、木の実などを与えられ、10日あまりで巣立つ。このころ、親鳥はヒナを心配して盛んに鳴く

初旬

●**高山**
梅雨が明けたこの時期のフィールドがいちばん気持ちいい

チョイ チュチュル ピリュル ピッピンビッ
イワヒバリ

中旬

●**高原**
さわやかな風の中で高山植物やチョウを楽しみながらバードウォッチング

クマタカ
アマツバメ
ノスリ
ノビタキ♂
チィ チュ チュイ
ホオアカ

夏休み直前のこのころがベストタイミング

下旬

●**市街地**
空き地で子育てするコチドリ

無事に孵化したヒナを、神社でひっそりと育てるアオバズク

●**田園地帯**

ヒッヒッ ヒッヒッ
セッカ
ギョギョシ ギョギョシ
オオヨシキリ
子育てで忙しいサンカノゴイ
ブォーウン ブォーウン
ヨシゴイ
チリチリチリ チチジョジョ
コヨシキリ

54

8 August

●干潟
シギ・チドリ類の秋の渡りが始まる

コアジサシ
ウミネコ
キアシシギ
キリアイ

●内陸の水田やハス田
渡り途中のシギ・チドリ類が見られるようになる

キアシシギ
タカブシギ
ヒバリシギ

●海
夏の間, アオバトが海水を飲みにくる

オオミズナギドリ
ハヤブサ
ウミネコ
アオバト♂

●河川のアシ原
ムクドリが群れはじめる

ツバメの大集団のねぐら入り

●シギ・チドリ類の秋の渡りのピーク
内陸の水田やハス田では, いろいろな種が採食している

ハマシギ
ケリ
アマサギ
チュウシャクシギ
ツバメチドリ冬羽
オオハシシギ
キリアイ
ムナグロ
エリマキシギ幼鳥
ヒバリシギ
トウネン

この時期は幼鳥が多く, 成鳥も夏羽から冬羽へ換羽中のものが多い

9 September

● 台風通過後の河川
海洋を渡る海鳥や，シギ・チドリ類が緊急避難していることもある

初旬

濁流に飛び込んで魚を捕るアジサシ

アカエリヒレアシシギ ♂ ♀
エリグロアジサシ
アジサシ

● 里山，丘陵地，山地の峠
タカ類や夏鳥の秋の渡りが始まる

中旬

サシバ
ハチクマ
イワツバメ
チゴハヤブサ
エゾビタキ
ショウドウツバメ
ノスリ
コサメビタキ
ムクノキの実

下旬

アマツバメ
ハリオアマツバメ
ツバメ
ツツドリ

10 october

● 海
ヒヨドリの秋の渡りがピークを迎える。ほかにも越冬地へ向かう鳥たちが姿を見せる

- ハヤブサ
- ハチクマ
- サシバ
- メジロ
- コムクドリ
- ハクセキレイ
- ヒヨドリの群れ
- クロサギ

● 里山や公園
渡り途中の夏鳥たちとの思わぬ出会いのチャンス

- コサメビタキ
- エゾビタキ
- 身近な場所にある鳥たちの好きな実のなる木は要チェック

ヨタカ
渡り途中，自然公園などに2，3日とどまってくれることもある

擬態するヨタカ

イヌザンショウ
ほかにミズキやキハダなどにもやって来る

- ノビタキ
- サンコウチョウ
- キビタキ
- 虫を食べる夏鳥は林内を渡る

● そろそろ秋の気配

キチ，キチ，キチ，キチ
モズの高鳴き

冬鳥の一番手，コガモの飛来が始まる

● 日本海側の湖沼や河川
北方の繁殖地から続々と越冬地への飛来が始まる

コハクチョウ

群れの中に，今年生まれの褐色味のある幼鳥が混じる

- マガン
- カリガネ
- ハクガン
- ヒシクイ

家族単位で行動するマガン。常に幼鳥を気遣う親鳥の姿が見られる

警戒心が強いので，距離をとって観察したい

11 November

●鳥が集まる公園の池

初旬

飛来して間もないカモたちの中には、エクリプス※（非繁殖羽のオス）が混じる

オオタカ
アトリ
ゴイサギ

マガモ
コガモ
ヒドリガモ
オナガモ
ハシビロガモ

※このころのカモ類のオスは、非繁殖羽から繁殖羽への生え換わりの時期で、全体に汚れた感じに見える

●田園地帯の猛禽類

中旬

冬の猛禽たちの狩りが見られる

ドバトを追うハヤブサ
ノスリ
コチョウゲンボウ
チュウヒ
カワラヒワを狙うハイタカ

チュウヒ
チュウヒ大陸型♂
ハイタカ♂
ノスリ
ハヤブサ
コチョウゲンボウ♂

開けた枯れ田では、ドバトや小鳥、小動物を狙ってタカやハヤブサが集まる

●冬鳥の渡来が始まる

下旬

関東の内陸部の山地で初雪が降るころ、冬鳥の大群が渡ってくる

クマタカ
ツグミの群れ
アトリの群れ

キクイタダキ
オオカワラヒワやマヒワ、カシラダカなどもやってくる
アトリ♂
キ.キシ キ.キシ
ツグミ

12 December

●赤い鳥との出会いに期待
バードウォッチャーに人気の赤い冬鳥や,フクロウ,カラ類の混群に出会えるかも

- カラ類の混群
- アカゲラ
- フクロウ
- イスカ
- ウソ
- オオマシコ
- ツィー — オオマシコ♂
- イスカ♂
- フィーフィー — アカウソ♂

●海
強い北風を避けられる場所に海ガモたちが集まる

- ウミネコ
- ハヤブサ
- ミユビシギ
- クロガモ
- ウミアイサ
- ウミウ
- ハジロカイツブリ
- アビ
- シノリガモ
- ハジロカイツブリ 数十羽の群れをつくる
- シノリガモ 数羽で行動する
- 大きな群れをつくるクロガモ
- 単独で行動するアビ
- ウミアイサ 数羽で行動する

●川の中流域
関東ではコハクチョウの飛来もひと段落。飛来地では珍しいカモ類が見られることもある

- ヤマセミ
- アライグマ
- オナガガモ
- カワセミ
- コハクチョウ
- トモエガモ♂
- ホオジロガモ♂
- カワセミ♂
- ヤマセミ♂

鳥インフルエンザ拡大を予防するためにも,鳥とはある程度の距離を保とう

1 January

●山地

正月休み中は多くのバードウォッチャーがフィールドに出かけるせいか,珍しい鳥の目撃情報が流れることも

キリ,キリ,キリ

大陸から渡ってきたオオカワラヒワがイヌシデやカエデの木に群れる

イヌシデの種子

カワラヒワ（留鳥）　オオカワラヒワ（冬鳥）

ミヤマホオジロ♂　オジロビタキ　サバクビタキ♂　オガワコマドリ♂　ヤツガシラ　オオカラモズ

初旬

●広いアシ原

冬の猛禽たちが,開けた場所で小鳥や小動物を追う

ミヤマガラスとコクマルガラスの大群　チュウヒ　ケアシノスリ　コチョウゲンボウ　獲物の横取りしようと狙うノスリ

トラフズク　カワラヒワ　ハイイロチュウヒ♂　イタチ

コミミズク　ハタネズミ

中旬

●河川敷の草むら

草の種子や昆虫を求めて冬鳥が集まる

オオジュリン♂　アシの茎に潜むカイガラムシを好んで食べる

シメ　カシラダカ　アオジ

タゲリの群れ　マヒワ　カワラヒワ　セッカ

ベニマシコ♂　イネ科やキク科の種子を好む　ホオジロ　マツヨイグサ

下旬

60

2 February

● **山地** クマタカのディスプレイフライトが見られる

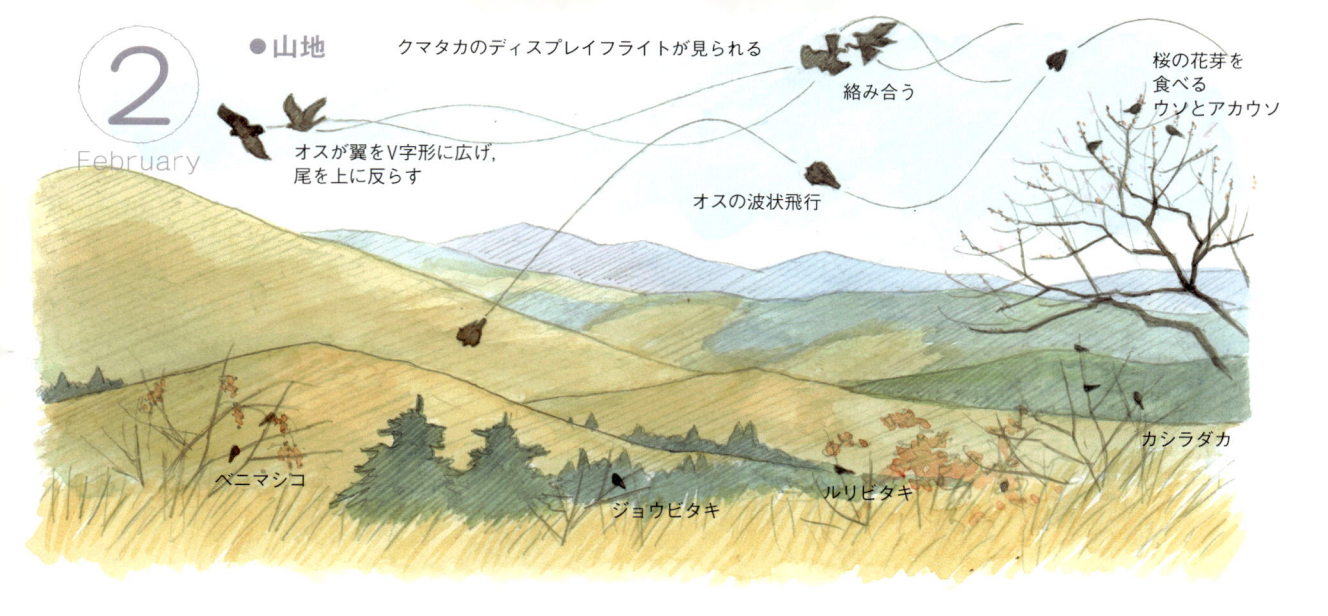

オスが翼をV字形に広げ、尾を上に反らす

絡み合う

オスの波状飛行

桜の花芽を食べるウソとアカウソ

ベニマシコ　ジョウビタキ　ルリビタキ　カシラダカ

● **漁港** いろいろなカモメが集まる。海が荒れた日には思わぬ海鳥が見られることも

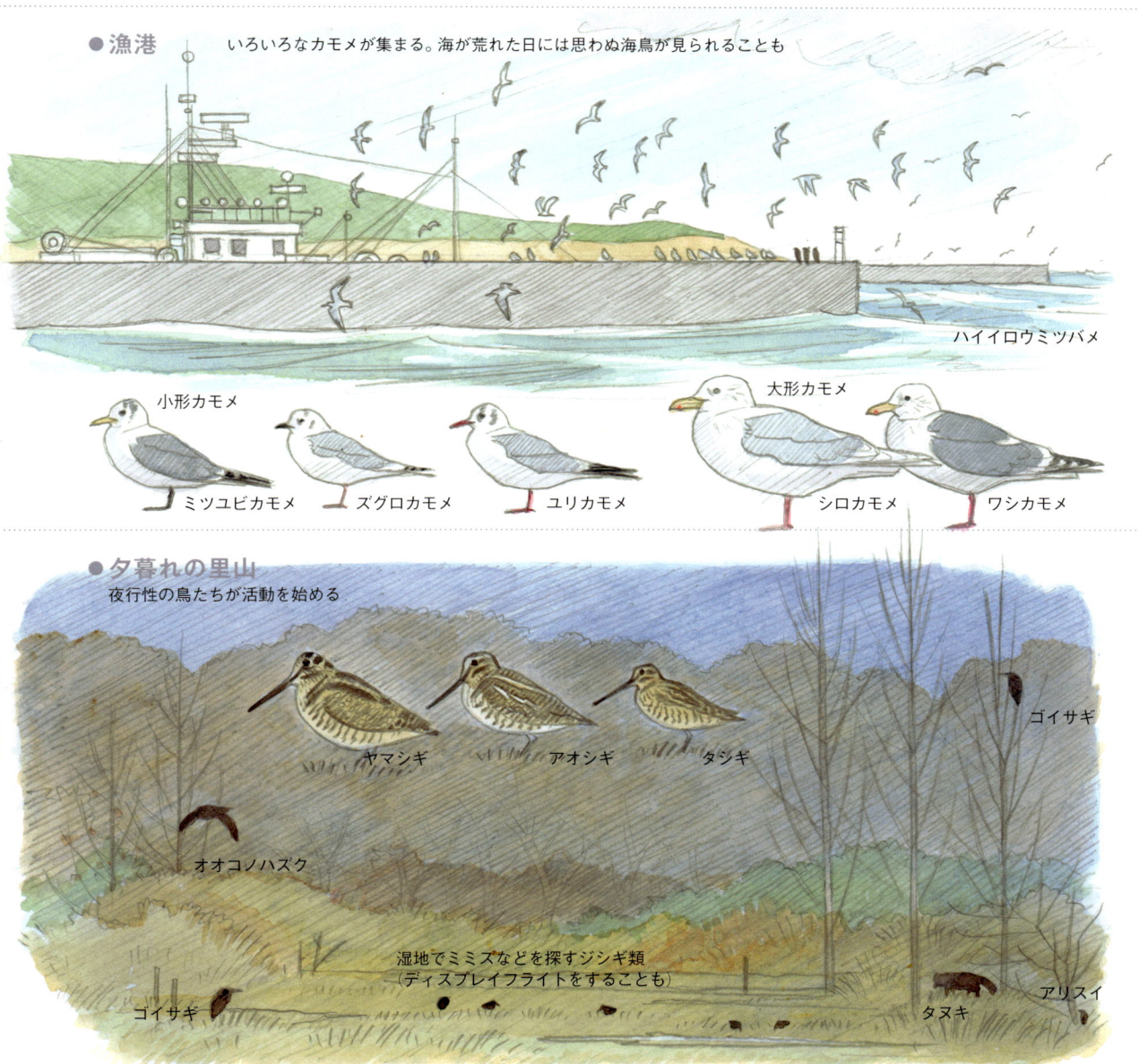

ハイイロウミツバメ

小形カモメ
ミツユビカモメ　ズグロカモメ　ユリカモメ

大形カモメ
シロカモメ　ワシカモメ

● **夕暮れの里山**
夜行性の鳥たちが活動を始める

ヤマシギ　アオシギ　タシギ　ゴイサギ

オオコノハズク

湿地でミミズなどを探すジシギ類
（ディスプレイフライトをすることも）

ゴイサギ　タヌキ　アリスイ

四季折々，さまざまな環境にバードウォッチングに出かけ，
鳥たちの生態や行動，そして自然の息づかいを
感じたままに記録したフィールドスケッチ。
どこに鳥を見に行けばいいのか，どのように鳥を探せばいいのか？
迷ったときは，今までの鳥見の記録を見返してみよう。
積み重ねた記録の中には，鳥と出会うためのヒントがたくさんあるのだから。

Field Sketch
—— 2006年10月〜2010年9月

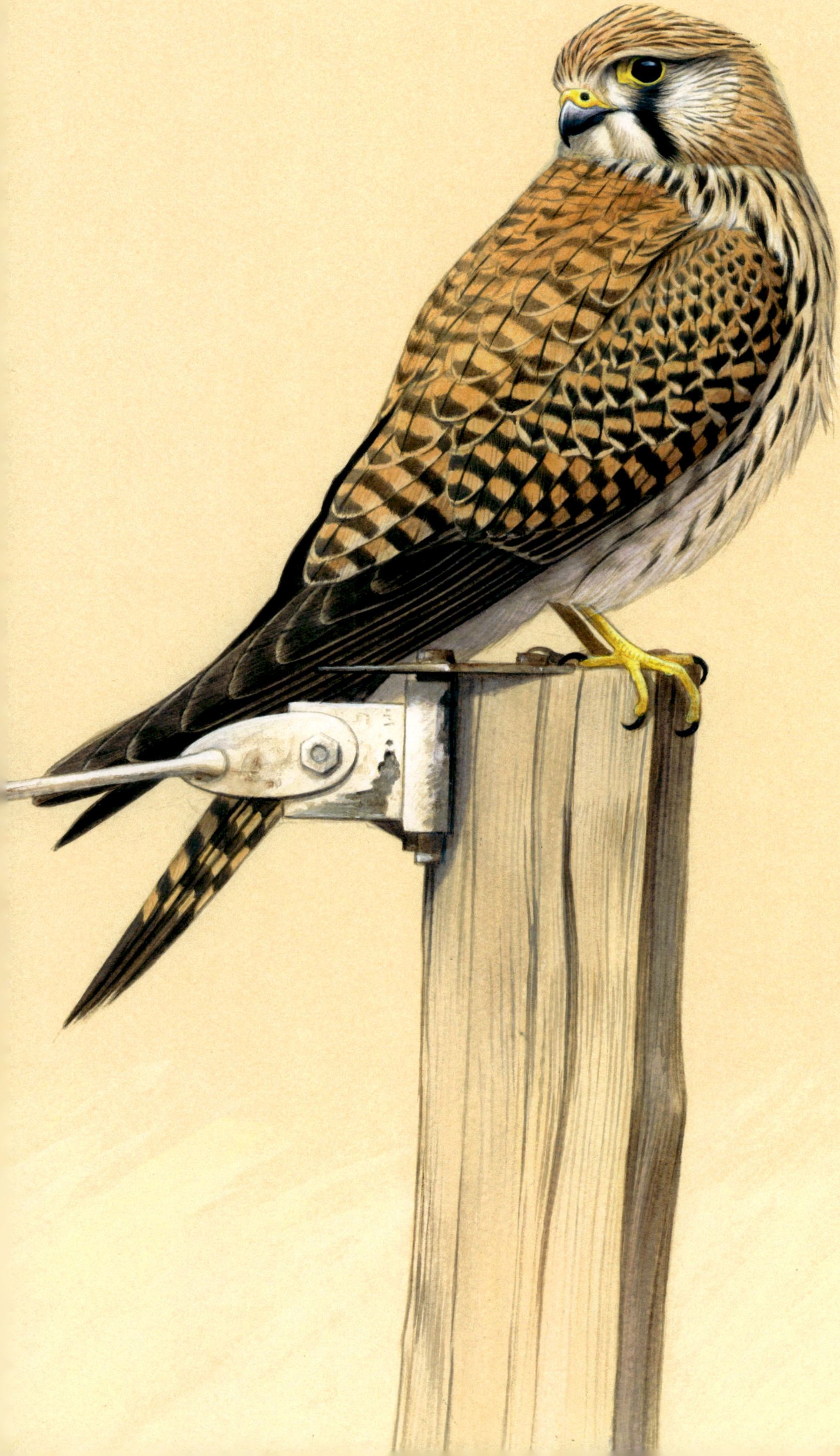

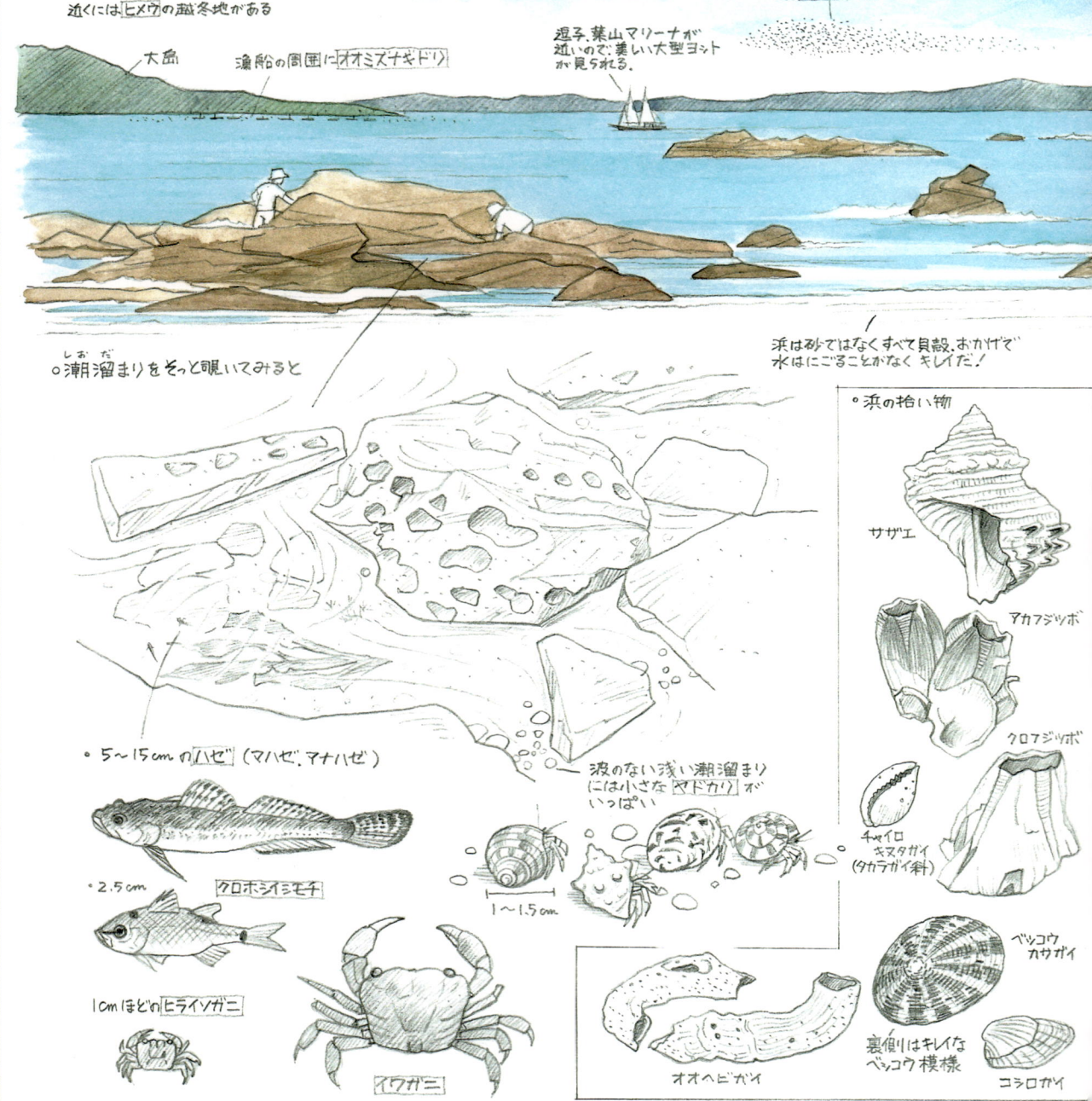

Field Sketch 2006/10 NO.1

水谷高英
http://www2.tba.t-com.ne.jp/taka/
Field Note 2003〜

○「キレイな海が見たい。」（神奈川県 三浦半島 城ヶ島）

- 最近 チョットお疲れ気味の娘がもらした一言。
  子供達が小さい時 心が疲れた時は高山や海へ出かけ、目に生気が
  甦える経験を何度もしてきた。
  「よーし、明日はみんなで海へ行こう。」
  という事で近くでキレイな海は何処か調べるが、最後は動物的直感で決める
  まっすぐ南下して三浦半島の先端、城ヶ島を目ざすことに。

- 一気に非日常空間へワープする方がより感動が大きいと、いつものように早朝に発ち、
  渋滞を避け約2時間で岬の先端に立っていた。

東京
自宅(立川市)
東京湾
横浜
三浦半島
房総半島
相模湾
伊豆半島
城ヶ島
剱崎
大島

○城ヶ島 10月9日 7:00〜
近くにはヒメウの越冬地がある

大島　　漁船の周囲にオオミズナギドリ　　逗子・葉山マリーナが
近いので、美しい大型ヨットが見られる。　　渡るヒヨドリの群れ

○潮溜まり(しおだまり)をそっと覗いてみると

浜は砂ではなくすべて貝殻。おかげで
水はにごることがなく キレイだ！

○浜の拾い物

サザエ
アカフジツボ
クロフジツボ
チャイロキヌタガイ (タカラガイ科)
ベッコウカサガイ
裏側はキレイなベッコウ模様
オオヘビガイ
コシロガイ

・5〜15cmのハゼ（マハゼ、アナハゼ）

・2.5cm クロホシイシモチ

1cmほどのヒライソガニ

波のない浅い潮溜まりには小さなヤドカリがいっぱい
1〜1.5cm

イワガニ

○ヒヨドリの渡り。
岬に60〜80羽ほどの群れが続々集まってくる。
何度も海上に飛び出して行くのだがすぐに戻って来てしまう。そのうち群れがだんだん大きくなり300〜500羽の群れになった時一気に渡って行った。
○他にメジロ、ホオジロ、ハクセキレイが渡るため岬に集まっていた。

・ヒヨドリを捕えた
ハヤブサ

・箱根足柄峠
この日580羽のサシバが
渡ったとのこと

熱海

コサギ

岬の遊歩道で
干上がっているミミズ
を採ってきては食べ
ていた イソヒヨドリ

ミサゴ

○剱崎灯台
ここからは東京湾、
浦賀水道、房総半島
が一望できる。

ツリガネニンジン

ハマカンゾウ

○灯台をスケッチしていると2羽のミサゴが現われた。

Field Sketch 2006/11 No.2

水谷高英
http://www2.tba.t-com.ne.jp/taka/
Field Note 2003〜

- 11月3.18日 紅葉の中津川渓谷で鉱物採集（埼玉県、奥秩父）

1年前、カミさんに誘われ訪ねた鉱物研究所（東京、練馬）、そこで見た鉱物の美しさにすっかりハマシテしまい、気に入った2コの標本を買いもとめる。

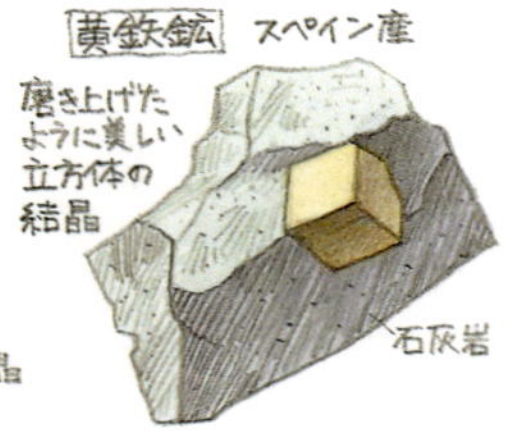

満ばんザクロ石 中国、福建省産 — 雲母／水晶／石灰岩／キレイな24面体の結晶が美しいザクロ石

黄鉄鉱 スペイン産 — 磨き上げたように美しい立方体の結晶／石灰岩

始めての鉱物採集で手にした記念すべき水晶 '05 11/3

- 色々な資料で調べるとこれらの鉱物が関東地方の鉱山跡で採集出来るとある。そして1年、全くの素人が幸運にも恵まれ4種すべて、この手で採取することが出来た。又、ひとつ、フィールドのおもしろさと、奥深さを知ることに‥‥。

水晶	ザクロ石	白雲母	黄鉄鉱
山梨県	茨城県	茨城県 薄くはがれる	黄銅鉱 埼玉県

- 河原で鉱物採集　イシヤさん（鉱物マニアのこと、ちなみにバーダーはトリヤさんと呼ばれる）1年生で先生もいない。どうして石コロだらけの河原で鉱物の入った石を見分けられるようになったのか、それは先客のイシヤさん達が割っていった石の特長を覚えるところから始まり、今では色、重さ、黄鉄鉱を含む石などは硬く、叩くと火花がとび、硝煙のニオイがするので分かる。磁石も使う。

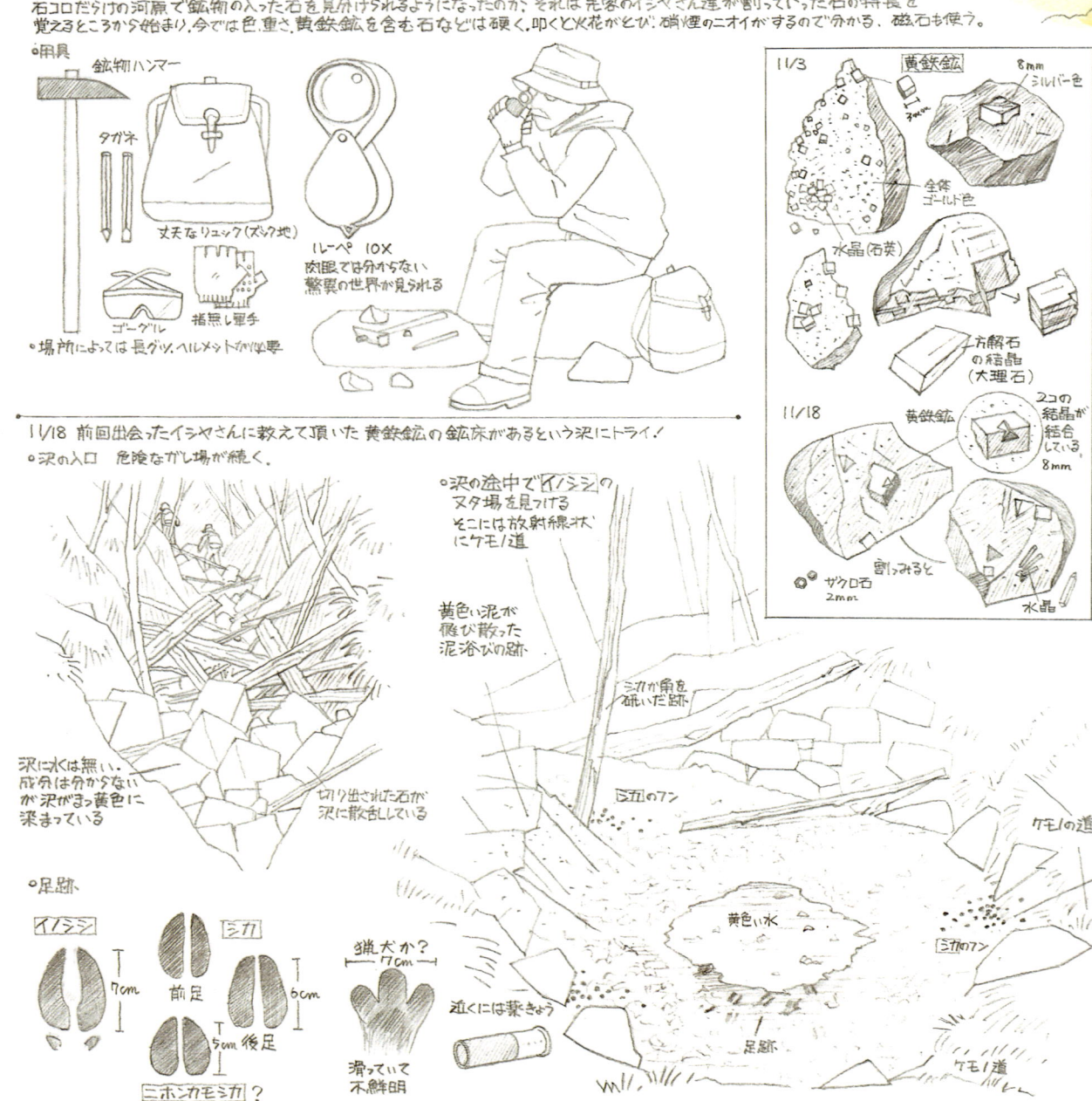

○用具　鉱物ハンマー／タガネ／丈夫なリュック（ズック地）／ルーペ 10X 肉眼では分からない驚異の世界が見られる／ゴーグル／指無し軍手

- 場所によっては長グツ、ヘルメットが必要

11/3　黄鉄鉱　8mm シルバー色／全体ゴールド色／水晶（石英）／方解石の結晶（大理石）

11/18　黄鉄鉱　2コの結晶が結合している 8mm／ザクロ石 2mm／割ってみると／水晶

- 11/18 前回出会ったイシヤさんに教えて頂いた黄鉄鉱の鉱床があるという沢にトライ！

○沢の入口　危険なガレ場が続く。

○沢の途中でイノシシのヌタ場を見つける そこには放射線状にケモノ道

黄色い泥が飛び散った泥浴びの跡

沢に水は無い。成分は分からないが沢がまっ黄色に染まっている

切り出された石が沢に散乱している

シカが角を研いだ跡

シカのフン　ケモノ道　黄色い水　足跡　ケモノ道

○足跡
イノシシ	シカ
7cm 前足／5cm 後足	6cm

ニホンカモシカ？

猟犬か？ 7cm 滑っていて不鮮明　近くには薬きょう

66

○紅葉の両神山 1723m

山頂近くの岩棚が鳥のフンで汚れている　イヌワシ？

ヨタカ 4/30 ♀

枯木でエモノを食べる　オオタカ 11/18

・昼食はいつも両神山が一望出来る河原でとり、鳥の出現を待つ。この日は鳥の声も無く静か。しかし4月の末に来た時には夏鳥たちでにぎやかだった。　クオシ、クオシ、クオシ、の声の後にヨタカが飛び出すという幸運な出会いも。

石英
黄鉄鉱
水晶

○黄鉄鉱の鉱床
現在は廃坑になっている
昔は黄鉄鉱から
硫酸をとったとか。

・鉱山跡は危険な場所もあり、小人数で出かけるのは避けたい。今回鳥仲間のご夫妻をお誘いし4人で訪ねた。始めての水晶に友人夫妻も感激！

黄鉄鉱や石英
が露出しているが
硬くてなかなか
採れない

シカのフン
←1.5cm→
30個ぐらいのフン塊が
あちこちに
カモシカは溜フンなので
一ヶ所に多数

67

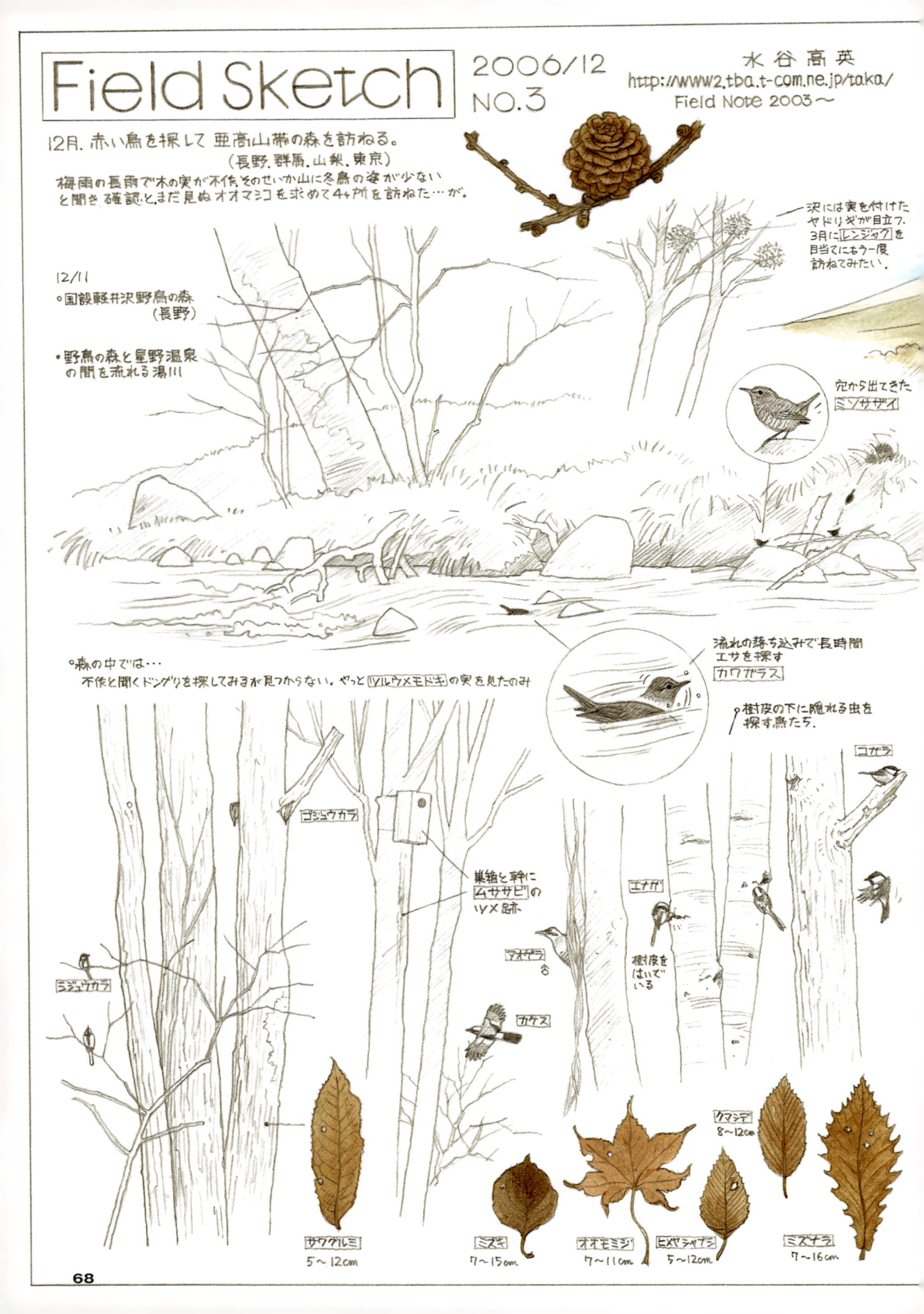

Field Sketch 2006/12 NO.3

水谷高英
http://www2.tba.t-com.ne.jp/taka/
Field Note 2003〜

12月. 赤い鳥を探して 亜高山帯の森を訪ねる。
　　　　（長野, 群馬, 山梨, 東京）
梅雨の長雨で木の実が不作, そのせいか山に冬鳥の姿が少ない
と聞き確認と, まだ見ぬオオマシコを求めて4ヶ所を訪ねた…が.

12/11
○国設軽井沢野鳥の森
　（長野）

・野鳥の森と星野温泉
　の間を流れる湯川

沢には実を付けた
ヤドリギが目立つ.
3月に レンジャク を
目当てにもう一度
訪ねてみたい.

穴から出てきた
ミソサザイ

流れの落ち込みで長時間
エサを探す
カワガラス

○森の中では…
　不作と聞くドングリを探してみるが見つからない. やっと ツルウメモドキ の実を見たのみ

樹皮の下に隠れる虫を
探す鳥たち.

ゴジュウカラ
巣箱と幹に
ムササビ の
ツメ跡
アオゲラ ♀
エナガ
樹皮を
はいで
いる
コガラ
ヤマガラ
カケス

サワグルミ 5〜12cm
ミズキ 7〜15cm
オオモミジ 7〜11cm
ヒメシャラ 5〜12cm
クマシデ 8〜12cm
ミズナラ 7〜16cm

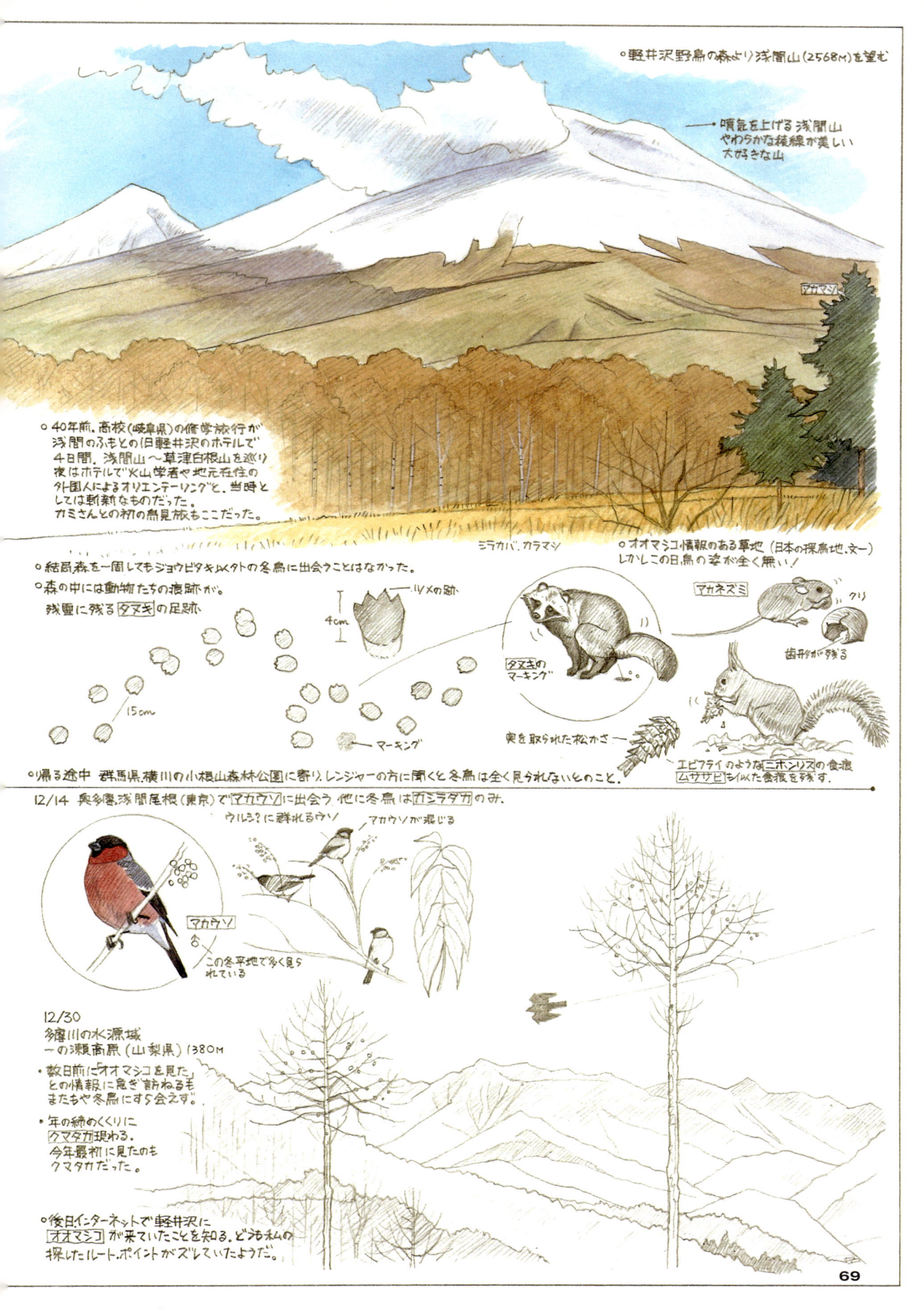

○軽井沢野鳥の森より浅間山(2568M)を望む

→噴気を上げる浅間山
やわらかな稜線が美しい
大好きな山

シラカバ、カラマツ

○40年前、高校(岐阜県)の修学旅行が
浅間のふもとの旧軽井沢のホテルで
4日間、浅間山〜草津白根山を巡り
夜はホテルで"火山学者"や地元在住の
外国人によるオリエンテーリング"と、当時と
しては斬新なものだった。
カミさんとの初の鳥見旅もここだった。

○オオマシコ情報のある草地(日本の探鳥地、文一)
しかしその日鳥の姿が全く無い!

○結局森を一周してもジョウビタキ以外の冬鳥に出会うことはなかった。
○森の中には動物たちの痕跡が。

残雪に残るタヌキの足跡
15cm
マーキング

ツメの跡 4cm

タヌキのマーキング

アカネズミ
クリ
歯型が残る

実を取られた松かさ

エビフライのようなニホンリスの食痕
ムササビも似た食痕を残す

○帰る途中 群馬県、横川の小根山森林公園に寄りレンジャーの方に聞くと冬鳥は全く見られないとのこと。

12/14 奥多摩、浅間尾根(東京)でマヒワに出会う。他に冬鳥はカシラダカのみ。

ウソ？に群れるウソ
マヒワソが混じる

ウソ
♂
この冬平地で多く見られている

12/30
多摩川の水源域
一の瀬高原(山梨県)1380M
・数日前にオオマシコを見た
との情報に急ぎ訪ねるも
またもや冬鳥にも会えず。
・年の締めくくりに
クマタカ現れる。
今年最初に見たのも
クマタカだった。

○後日インターネットで軽井沢に
オオマシコが来ていたことを知る。どうも私の
探したルート、ポイントがズレていたようだ。

69

Field Sketch

2007/1 No.4

水谷高英
http://www2.tba.t-com.ne.jp/taka/
Field Note 2003〜

コガモの羽

○ 多摩川からカモが消えた!? （東京都）
首都圏のバーダーなら一度は訪れたことがある、多摩川中流域（日野橋〜是政橋）。近年このエリアから
カモの姿が減り続け、とうとう今年は、車で橋を渡る時に川面を見ても全く姿を見られなくなってしまった。
25年程前から観てきたが、コガモ、マガモ、オナガモ、ヒドリガモ、ハシビロガモ、ホシハジロ、キンクロハジロ、オカヨシガモ、ミコアイサ など
数や種の変遷はあったもののここまでの状況は始めてで、暖冬、河川改修工事などの影響があるのだろうか？
首都圏の他の湖沼や河川でも減少傾向にあるが、その中で唯一、ハクチョウの飛来地では餌付けによって オナガモ などが
増えている。

○ 関東の主なカモの飛来地は過去に訪ねてはいるが、唯一群馬県の湖沼は今だ空白地。そこで今回初めて高津戸峡と多々良沼
を訪ねた。…が 高津戸峡 は改修工事で水が抜かれカモの姿は無い。先月から続く空振りに多少凹む！

○ 多々良沼 （群馬県、館林市） 1/25
久しぶりに見るカモの群れ！ ロケーションも良い。しかし赤城山からの空風が強くスコープが使えない！
15:00 20〜30羽の オナガモ の群れが次々と
北西方向へ飛び立って行く。

ミコアイサ 50羽
こんなに多い群れ
を見たのは始めて

○ 多摩川
1月26日 この日最高気温 15℃ 1月とは思えない暖かさ
自転車で是政橋上流の堰堤を訪ねると春の気配。
土手に座り、まったりしていると37種の鳥が姿を見せてくれた。

群れで追い込み漁を
している。

※ 多摩川の水がすごくキレイになっていた！

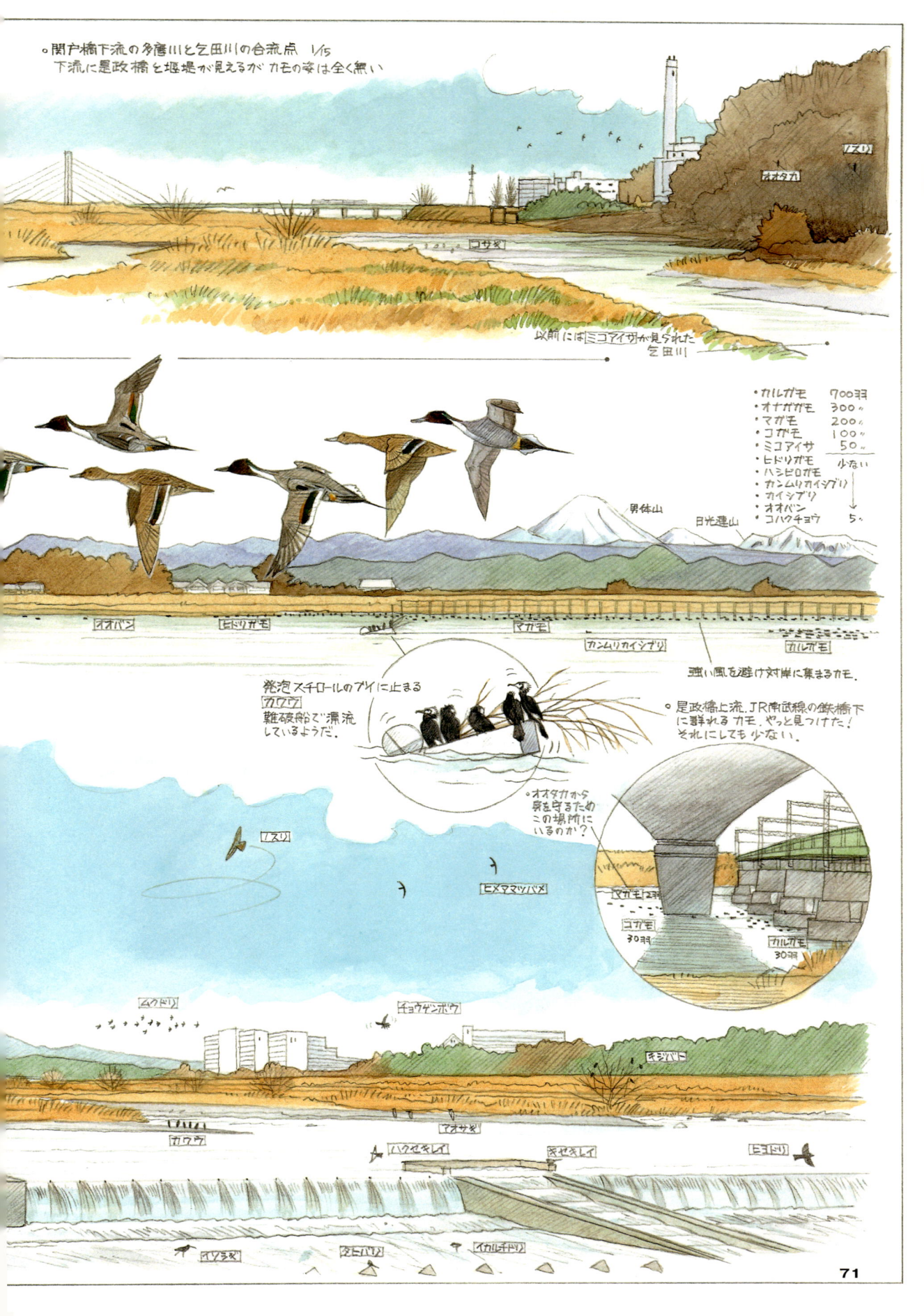

- 関戸橋下流の多摩川と乞田川の合流点 1/15
  下流に是政橋と堰堤が見えるがカモの姿は全く無い

オオタカ
ノスリ
コサギ
以前にはミコアイサが見られた
乞田川

・カルガモ　700羽
・オナガモ　300〃
・マガモ　　200〃
・コガモ　　100〃
・ミコアイサ　50〃
・ヒドリガモ　少ない
・ハシビロガモ　↓
・カンムリカイツブリ
・カイツブリ
・オオバン
・コハクチョウ　5

男体山
日光連山

オオバン　ヒドリガモ　マガモ　カンムリカイツブリ　カルガモ

発泡スチロールのブイに止まる
カワウ
難破船で漂流しているようだ

強い風を避け対岸に集まるカモ

○是政橋上流、JR南武線の鉄橋下に群れるカモ、やっと見つけた！それにしても少ない。

○オオタカから身を守るためこの場所にいるのか？

マガモ 12羽
コガモ 30羽
カルガモ 30羽

ノスリ
ヒメアマツバメ
ムクドリ
チョウゲンボウ
キジバト
イソシギ
カワウ
アオサギ
ハクセキレイ
セグロセキレイ
ヒヨドリ
イソシギ
タヒバリ
イカルチドリ

71

Field Sketch

2007/2
NO. 5

水谷高英
http://www2.tba.t-com.ne.jp/taka/
Field Note 2003～

2月. 赤い鳥. 赤い花. 赤い石　(茨城県, 筑波山)　2/10
昨年より追い求めた オオマシコ, 年が明けると意外な場所での観察情報
が入ってきた。筑波山のふもと標高200Mにある梅林公園, 中旬には梅まつり
が始まると聞き急ぎ訪ねた。

○ 8:30 現地に着く, 日曜日とあってすでに20人ほどのバーダー, その視線の先に8羽のオオマシコ,
呆気無い出会いに力は抜けるが, まだ居てくれたことに感謝!

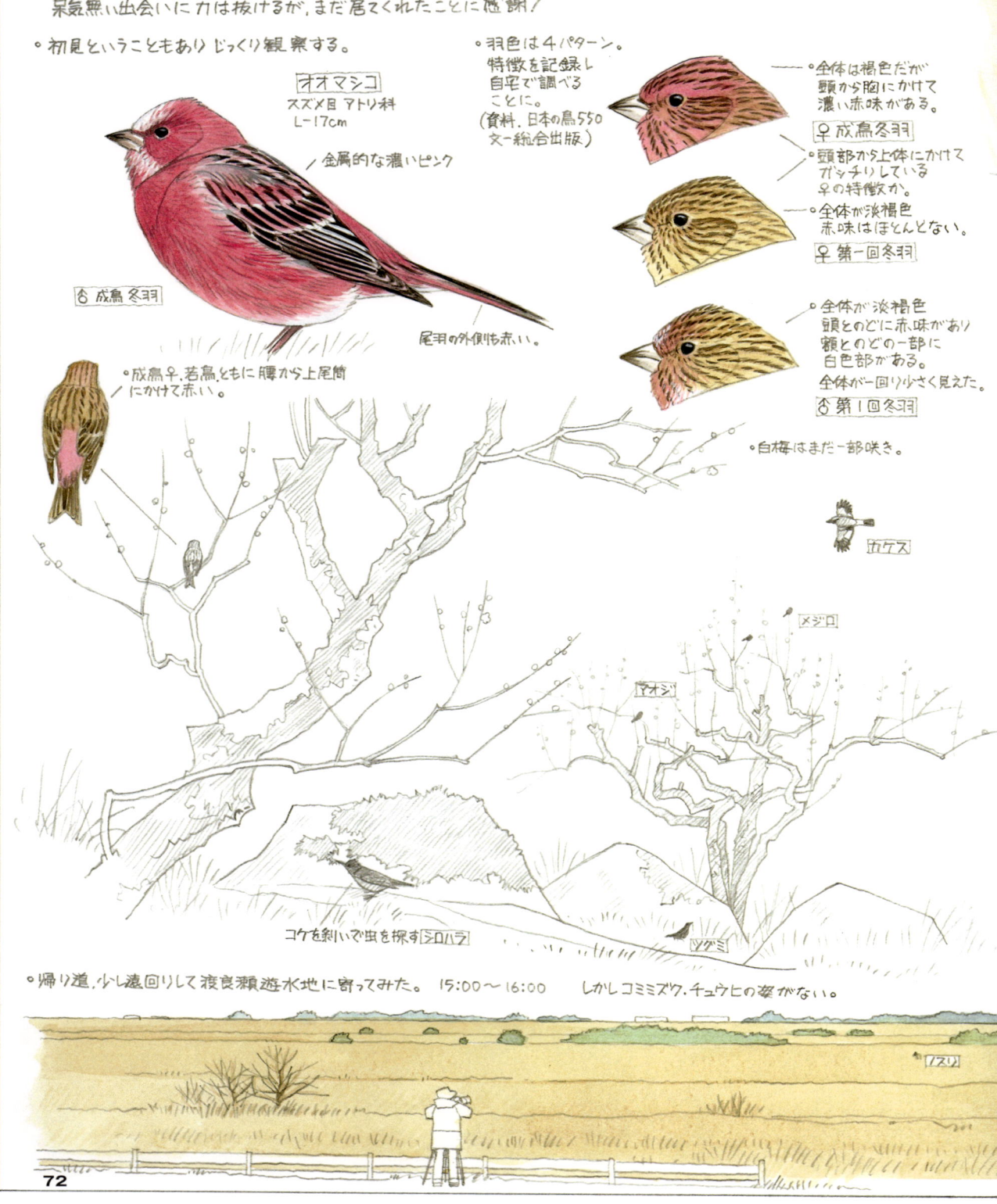

○ 初見ということもあり じっくり観察する。

○ 羽色は4パターン。
特徴を記録し
自宅で調べる
ことに。
(資料 日本の鳥550
文一総合出版)

オオマシコ
スズメ目 アトリ科
L-17cm

金属的な濃いピンク

♂ 成鳥 冬羽

尾羽の外側も赤い。

○ 成鳥♀, 若鳥ともに腰から上尾筒
にかけて赤い。

—— 全体は褐色だが
頭から胸にかけて
濃い赤味がある。
♀ 成鳥 冬羽

—— 頭部から上体にかけて
ガッチリしている
♀の特徴か。

—— 全体が淡褐色
赤味はほとんどない。
♀ 第一回 冬羽

—— 全体が淡褐色
頭とのどに赤味があり
額とのどの一部に
白色部がある。
全体が一回り小さく見えた。
♂ 第1回 冬羽

○ 白梅はまだ一部咲き。

カケス

メジロ

アオジ

コケを剥いで虫を探す シロハラ

ツグミ

○ 帰り道, 少し遠回りして渡良瀬遊水地に寄ってみた。15:00～16:00　しかしコミミズク, チュウヒの姿がない。

ノスリ

○筑波山梅林公園
　紅梅が満開だった。

筑波山 877M

ウソ

カヤクグリ

アオジ

オオマシコの小群
10羽～

餌付けされているようだ。

○時折 カヤクグリ や アオジ もやって来るのだが、すぐに追い払われてしまう。

○帰り道、筑波山近くの鉱山跡で赤い石（ガーネット）を探す。 10:30～
　鉱山から捨てられた残土が流れ込む小さな沢、ここでは 花崗岩 の中にザクロ石（ガーネット）を見つけることができる。

○ザクロ石（アルマンディン）
表出しているため結晶が磨滅している。

細かい雲母がキラキラ光る

キラキラ輝く 白雲母
薄くはがれる
4cm
葉脈のような模様がある。

3～4mm
コーヒー色。
純度が高いものほど赤くなる

15cm

濃いコーヒー色のザクロ石

小さいがキレイなピンク色のザクロ石
1～2mm

沢を30羽のカラの混群が移動して行った。

○割ってみると！

ザクロ石
石英

中のザクロ石は結晶面がキレイだ。

ザクロ石
24面体の結晶
∅1cm以上のものも見つかる

ウソ

73

Field Sketch

2007/3 NO.6

水谷高英
http://www2.tba.t-com.ne.jp/taka/

- さくらが咲いた！
  暖冬で開花が早まると思われたサクラ。しかし3月に強い寒気が流入し開花は平年並みとなったが、その外いろいろな種類のサクラが一気に開花し、例年にない美しさに感嘆！ 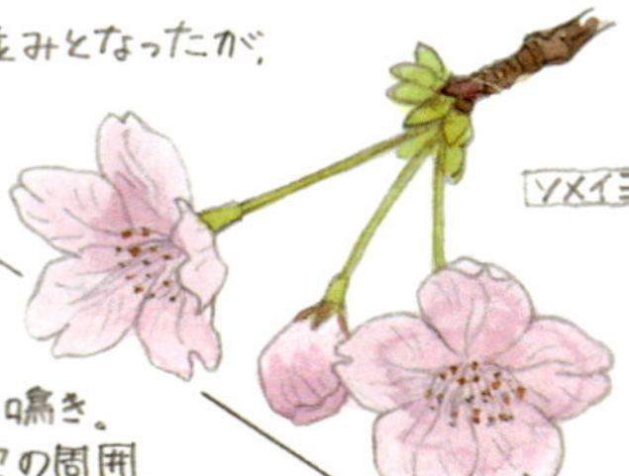
- 冬鳥と夏鳥の入れ替わる狭間の3月。鳥見に出かけるのはしばし休み、自室の窓から季節の移り変わるダイナミズムを楽しんだ。
- 3/5 春の訪れを知らせるコブシが咲いた。

ソメイヨシノ

- 3/13 自宅前の空地からウグイスの初鳴き。以後、毎日早朝鳴きながら空地の周囲を規則的に巡回している（4/10現在も）

ホーホケキョ キ.キ.キョ
・始めの一週間はうまく鳴けず、聞いているこちらもズッコケた。

3/8 庭のスミレのプランターにツマグロヒョウモンの幼虫6匹現われる

スミレ
花芽を食べている。

3/13 サナギになり始めた。

・巡回するウグイスに見つかったのだろう2日目にはいなくなっていた。他の幼虫も次々と姿を消した。

3/15 庭でパチパチと音がする。見てみるとシジュウカラがオオカマキリの卵のうを破り中の幼虫を夢中で食べていた。

ツマグロヒョウモン
♂　♀
60〜70mm

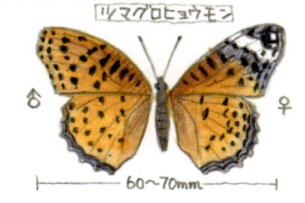

・南方系のチョウだが近年生息域を北上させ、今では関東でも激増している。幼虫はスミレを食べるためパンジーを栽培する農家には脅威だ。

・このころからしばらく「寒のもどり」の寒い日が続いた。

- 自室から見える玉川上水。3/24 気温の上昇でコナラ クヌギの芽吹きが始まり、ウンカや川虫も出始めた。

- 冬の間ずっといたヤマガラ エナガをこのころから見かけなくなる。

3/26 昨年より12日遅れでツバメの飛来を確認。

ツピ.ツピ.ツピ
さえずる
シジュウカラ

ビィーン
鳴く
カワラヒワ

ギィー ギィ
コゲラ

○自宅前を流れる玉川上水　3/30

・東京多摩地区を西から東へ流れる
　渡りの季節には多くの鳥が
　通過するグリーンベルトになっている。

○近くの里山では。

3/14
ハヤニエをする
モズを初めて見た！
ハヤニエは秋のものと
思っていたが？
「寒のもどり」のせいか。

モズ ♂
ミミズ
サシバ ↑

3/24 この冬山地では出会うことができなかった
マヒワ 雑木林のクヌギの木に群れていた。

♀
♂
雄花序
クヌギエダイガフシ

・クヌギエダイガフシは
　クヌギエダイガタマバチによる虫こぶ

3/28 オオタカ現れる。よく見ると上空に上昇していく ⇒
サシバ 発見！

3/30 山桜が開花。例年より半月遅れでツミ♂現れる。
・以前に比べ隔ねくなったツミ。見つけるのが難か
　しくなってきた。3日後には♀も確認。

オオタカ
ツミ♂
キィーキィ
キィキィキィ
ツミ ♀
ツグミ
ヒ.ヒ.
カシカシ

・冬の間いてくれた
　ジョウビタキ♀
3/31 縄張りを主張していたが
　この日 飛立っていった。

Field Sketch

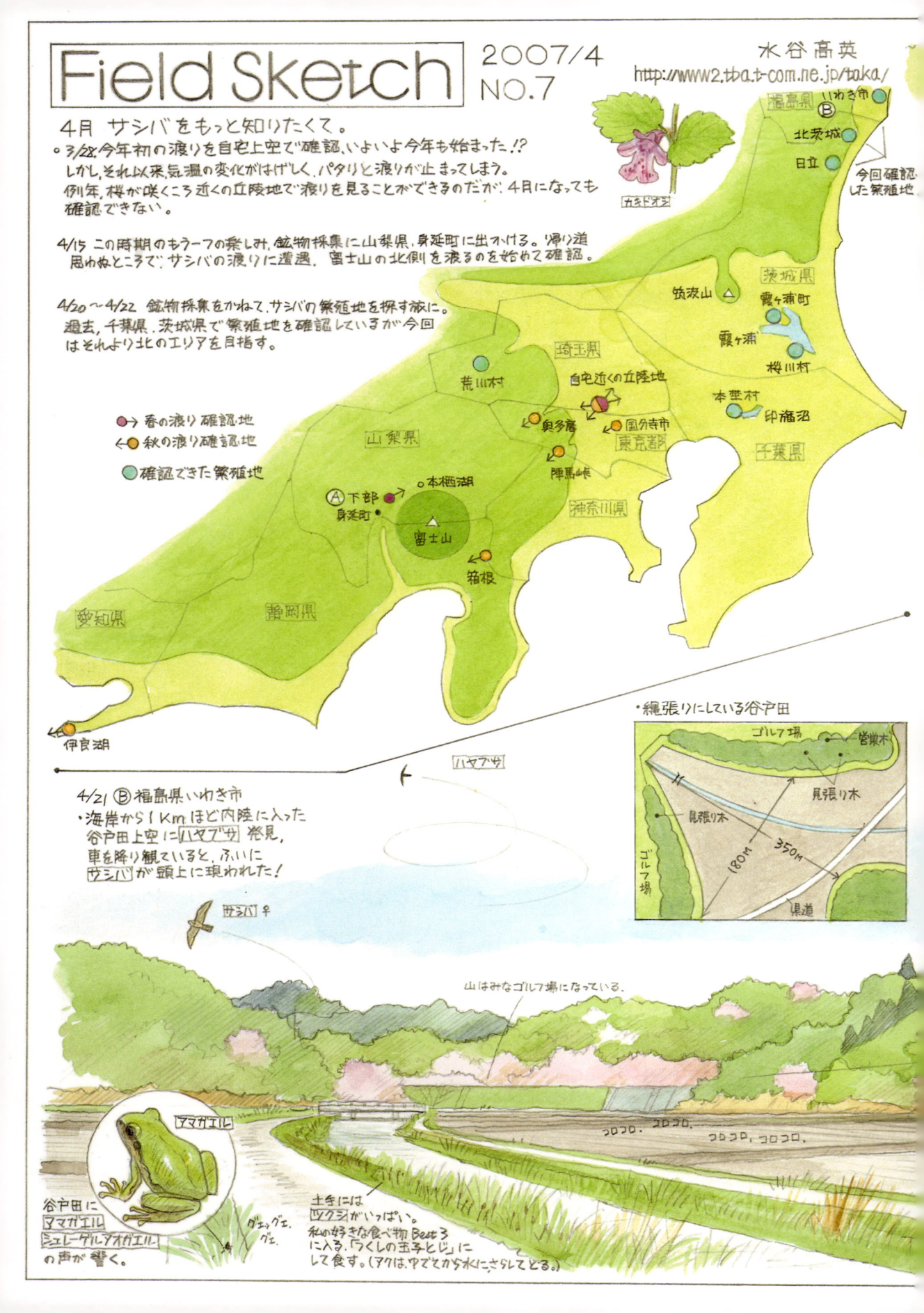

2007/4 NO.7

水谷高英
http://www2.tba.t-com.ne.jp/taka/

4月 サシバをもっと知りたくて。

・3/28. 今年初の渡りを自宅上空で確認、いよいよ今年も始まった!?
しかし、それ以来、気温の変化がはげしく、パタリと渡りが止まってしまう。
例年、桜が咲くころ近くの丘陵地で渡りを見ることができるのだが、4月になっても確認できない。

4/15 この時期のもう一つの楽しみ、鉱物採集に山梨県、身延町に出かける。帰り道思わぬところで、サシバの渡りに遭遇。富士山の北側を渡るのを始めて確認。

4/20～4/22 鉱物採集をかねて、サシバの繁殖地を探す旅に。過去、千葉県、茨城県で繁殖地を確認しているが今回はそれより北のエリアを目指す。

凡例:
- ●→ 春の渡り確認地
- ←● 秋の渡り確認地
- ● 確認できた繁殖地

カキドオシ

地名（地図内）: 福島県, いわき市, 北茨城, 日立, 茨城県, 筑波山, 霞ヶ浦町, 霞ヶ浦, 桜川村, 荒川村, 埼玉県, 自宅近くの丘陵地, 本栖村, 印旛沼, 千葉県, 奥多摩, 国分寺市, 東京都, 陣馬峠, 神奈川県, 山梨県, A 下部, 身延町, 本栖湖, 富士山, 箱根, 静岡県, 愛知県, 伊良湖

・縄張りにしている谷戸田
(図内: ゴルフ場, 営巣木, 見張り木, 180M, 350M, 県道)

4/21 Ⓑ 福島県いわき市

・海岸から1kmほど内陸に入った谷戸田上空に ハヤブサ 発見、車を降り観ていると、ふいに サシバ が頭上に現れた！

ハヤブサ
サシバ ♀

山はみなゴルフ場になっている。

谷戸田に アマガエル シュレーゲルアオガエル の声が響く。

グエッグエ、グエ。

コロコロ、コロコロ、コロコロ。

土手には ツクシ がいっぱい。
私の好きな食べ物Best 3 に入る。「つくしの玉子とじ」にして食す。(アクはゆでてから水にさらしてとる。)

4/15 Ⓐ 山梨県,下部町,しもべ道の駅 古民家　13:00
・本栖湖へ抜ける峠の手前にある道の駅
　休憩をかねて立ち寄ると、谷の方からサシバ
　現わる。

・3羽が合流して
　回りだした。

・ソフトクリームを食べ一息ついて
　いると東面に伸びた飛行機雲
　にそって2羽のサシバが東へ
　流れた。

・先ほどのサシバも現われた。

4/22 翌早朝6:00再び谷戸田を訪ねると
谷戸全体を見渡せる梢に♀がいる。
6:14 カエルをくわえた♂が現れ,見張り木
での受け渡しの一瞬 交尾、
その後♀をつって杉林の奥へ消えた。
おそらく営巣木があるのだろう。

・捕えたカエルを
　♀に渡そうと
　喘ぐ♂。

サシバ
♀

ピシ.クィー

♂

♀

交尾

キョ羽 ケーン
ケーン

ツグミ

4/26.27 2日,続けて10:00ごろ自宅上空をサシバ渡る。

一光輪

ヒコーキ雲
←東

彩雲

Field Sketch

2007/5 No.8

水谷高英
http://www2.tba.t-com.ne.jp/taka/
Field Note 2003～

5月. フクロウの巣立ちを見に。 (茨城県)

ゴールデンウィークの間は渋滞を避け、自宅周辺の丘陵地や神社でフクロウを探してみた。しかし生活痕(ペリット)は見つかるものの姿は見られない。そんな折友人からフクロウの情報が入り、ゴールデンウィークが明けるのを待って訪ねてみた。 5/9

○茨城県内の公園
・フクロウが営巣した柳の木。5/4には巣の中にいたヒナ。

キショウブ

ヒナは友人の情報にそったイメージ画

雄花序

シダレヤナギ

・5/9 ハス池からはウシガエルとオオヨシキリの声。この日気温は25℃を超え、初夏の陽気。暑い！

ツバメ

ギョギョシギョギョシ

ウシガエルのオタマジャクシ

アオカラトンボ

ウォッウォッ

スイレン

ルリイトトンボ

オオヨシキリ

5/9 フクロウが繁殖した公園。繁殖が確認されたのは初とか。

- ヒナはすでに巣立ちを終え、親鳥と共に近くの林に移動していた。
  フクロウのヒナは巣立つと親鳥に促されるように営巣木からどんどん離れていき、一週間もすると繁殖地から姿を消すこともある。

ヒナⒶ

ヒナⒷ

・気温の上昇で口を開けるヒナ。

・じっとこちらを見つめるヒナ ストレスを与えないよう早々に退散。

フクロウ
フクロウ目 フクロウ科
L-50cm

・ヒナを近くで見守る親鳥

○巣立った後の柳の木に名残りを惜しんで訪れる人たち。
メディアでも紹介されたようで、営巣中は公園の配慮で木の周りに柵が設けられた。

・巣立ちヒナは40m離れた林までどのようにして移動したのだろう？

Field Sketch

2007/6 NO.9

水谷高英
http://www2.tba.t-com.ne.jp/taka/

6月 梅雨入り前に初夏の高原を楽しむ。 群馬県．川場村 6/3

雪深い地方の林道は5月まで閉鎖される所が多いので、6月の梅雨入り前の一時に冬期には行けない鉱山跡を重点的に訪ねる。今回はスキー場で知られる川場村の鉱山跡を初めて訪れた。深い山に入る時は思いがけない野鳥との出会い（例えばアカショウビン）をいつも期待しているのだが今回事前に「クマ出没」の報が入り、イヤな緊張を抱えてしまった。

ラショウモンカズラの花
チョウのよう

ミョーキン、ミョーキン

クオッ．クオッ．
クオッ．クオッ．

ミョーキン
ミョーキン

クオッ．クオッ．
クオッ．クオッ．

・林道入口で出会った山菜採りの地元のお年寄りにも「クマに気をつけろ」のお言葉…
少しビビりながら、タガネでトンカチを打ち「クマおどし」とする。カチ．カチ．カチ．カチ
山が深くなるにつれ 沢からは ヤマヒキガエル、暗いカラマツの林からは マミジロ の声がひびく。

マミジロ
キョイ．チュリリ

クオッ．クオッ．クオッ．クオッ．
ヤマヒキガエル
（アズマヒキガエル）
・鳴き声が時折、人の話し声に聞こえたりした。ヒェ…

ヤマドリ 2羽に出会う。
ボウ．ボウ．

カチ．カチ．
カチ．カチ．
カチ．カチ．

ヤマブキ
・帰りに摘んで帰る。

・開けた明るい場所には．

ウスバアゲハ
（ウスバシロチョウ）
6cm

ミスジチョウ
6cm

ともにやわらかく滑空する姿が美しい。

・鉱物採集を終え昼食をとるため見晴しのよい、スキー場の臨時駐車場へ移動．すると…
12:00 尾根の向こうから ハチクマ 1羽現われ東へ
12:05 2羽が東へ 12:10 1羽が東へ．どうも渡り途中のようだ．

ハチクマ
♀
ハチクマ

ハチクマ

80

・山の尾根に残るトロッコのレールが、かってここに鉱山があったことを教えてくれる。

メボソムシクイ

石灰岩

・森からは、コルリ、キビタキ、ツツドリ、メボソムシクイの声。

・この先に鉱山から出た鉱石の捨て場(ズリ)があり、その中にはお宝が!?

チョリチョリ
チョリチョリ

メボソムシクイ

ポポポ
ポポポ、ポポポ

ツツドリ

大きなザクロ石 ←10cm→
少し赤味がかったコーラ色
水晶

ザクロ石 (ガーネット)

小さな水晶

コーヒー色のザクロ石
←1.3cm→

黒いザクロ石がびっしり

・山ではおびただしい数のエゾハルゼミの鳴き声に鳥のさえずりも聞きとりにくい。気がつくといたる所にヌケガラ、シダの葉には羽化したばかり成虫♂♀が。(初見)

・ヌケガラ
2.5cm
前脚のトゲが細く長い。

エゾハルゼミ
ツクツクボウシに大きさなどよく似ている。
ミョーキン、ミョーキン
ケシ、ケッ、ケッ。
数は少ないがハルゼミの声も聞こえる。ギャ、ギャ

全長37〜45mm
♀の腹は短かく腹弁が無い。

・同じザクロ石でも産地によって、クロム、鉄、カルシウムなどの含有によって、ピンク、コーヒー色、緑、黒と変化がある。

ハチクマ

イワツバメ

カッコウ

ミョーキン、ミョーキン

ギャ、ギャ

81

Field Sketch

2007/7 NO.10

水谷高英
http://www2.tba.t-com.ne.jp/taka/
Field Note 2003〜

7月25日 雲上の楽園、草津白根山を訪ねる。（群馬県）
7月の末になっても梅雨が明けない中、前日から久しぶりの晴天。しかし気温も一気に上昇。
たまらず涼を求めて 軽井沢→草津白根山→草津へと出かけた。（東京から約3時間で白根山着）

○ 万座　白根山のふもと、温泉で知られた万座、一帯に硫黄の臭いがたちこめる。

硫黄

イワツバメ

○ 渋峠 2172M 国道の最高点、遠く北アルプスが見える。
　（長野と群馬の県境）

ビンズイ
ツィツィ、チョイチョイ、ヴィヴィヴィ。

枯木にすずなりの
イワツバメ 幼鳥

アマツバメ

ビンズイ

遠目には鳥に見える オオシラビソ の球果。

○ 弓池　雨も上がり霧の中から全景が現れた。

○ 池の周辺に咲く高山植物。
食虫植物の モウセンゴケ
7mm

ツボミ
1cm

シナノオトギリ
花
2cm

○渋峠から白根山 北側を望む

岩場には
イワヒバリ
キョリキョリ,キシ
ここでは他の鳥より大きいので識別はしやすい

○白根山 2160M

エメラルド色の水をたたえた火口は霧につつまれていた。

○急な雨と霧に見舞われ、1時間車中からの観察となる。

チリチリチリ
ナナカマドなどの低木に止まる。
カヤクグリ

○白根山東側。斜面を雲が駆け上がってくる。

アサギマダラ

ガレ場からは**イワヒバリ**・**カヤクグリ**の声

ノビタキ
ヒーヒョロヒリヒー

ヴェヴェヴェ
ホシガラス

つばさの白斑王が目立つ。
ノビタキ

カルガモ 親子

カルガモ **ワタスゲ**

Field Sketch

2007/8 NO.11

水谷高英
http://www2.tba.t-com.ne.jp/taka/

8月24日 涼を求めて照ヶ崎海岸（神奈川県、大磯町）のアオバトを観に。
8月は連日の猛暑でフィールドに出ない日が続いたがこの日大陸の高気圧の南下で
予想気温31℃と聞き、急ぎ出かける事に。

ホラニシ

・海水を飲みにきた アオバト

6:45	15羽
55	17
58	10
7:00	10
10	15
15	50
30	35.20
40	2

イワガニ

8:00 ・ハヤブサ が現われたせいか、7:30を過ぎるころには アオバト が寄り付かなくなり、引き上げる事に。

○次の目的地 柿田川湧水群へ（静岡県、沼津市）
以前から訪ねてみたいと思っていた柿田川、涼むつもりで訪れたが湿度が高く
夏バテ気味の体にはキビシイ。

○富士山の伏流水が大量に
湧き出し柿田川の水源
となっている湧水群。

湧き出す水で砂が
踊っている。

・柿田川 湧き水が清流となり市街地を流れる。

○湧水周辺の森にはおびただしい数のセミ。
クマゼミ ミンミンゼミ アブラゼミ、ヌケガラも多数。

○セミのヌケガラコレクション（関東で採集）

? (伊豆で採集) ニイニイゼミ
泥がついて 1.5cm あつく泥が
いる。 2cm ついている。

触角 エゾハルゼミ ツクツクボウシ
4節目 2.5cm 2.5cm
が長い

・大きさ質感（薄透ける）共にそっくりだが
触角に特徴あり。 アブラゼミ

ミンミンゼミ 3節目が
少し長い

2.8cm 3.0cm
見分けられない、似ている。

※いまだかつて クマゼミ のヌケガラを見た
ことが無い。今回も見つけられず！？

・たくさんのトンボが飛んでいた。 ギンヤンマ など。

・照ヶ崎。この日海は穏やか。沖には オオミズナギドリ の大きな群れ 6:45 （干潮 8:00）

オオミズナギドリ

アオバト の群れ

イソヒヨドリ

・突如 ハヤブサ の若鳥現わる。7:15 狩りは失敗。

堤防には イソヒヨドリ の♂と♀

成鳥冬羽

幼羽

1回冬羽へ換羽中

岩礁にはいろいろな年齢の ウミネコ

・川にそった散策路には、

マブニシケイ
6cm / 1cm

見たことのないカタツムリ。調べたが特定できず。日本では900種が確認されているとか！ ミシマイマイ らしい私は見たことがないのだが。

2cm / 高い

・大きな卵を抱いた サワガニ
3mm
30〜70個
稚ガニが透けて見える。川に放卵せず生まれた稚ガニは体が硬くなるまでしばらくの間親に抱かれてくらす。

ジリジリジリ
シャシャシャシャ
ミンミンミー

ヤマセミ

ツバメ

湧水池にしかすめない ハリヨ
6cm
・鳥のように巣を作る。岐阜と滋賀、三重の一部地域にわずか。

・トラスト運動による保護区となっているため水辺には近づけず、どのような生物がいるのか観ることは出来なかったが、資料として水生植物の ミシマバイカモ や カワセミ、ヤマセミ の写真が展示されていた。

・ここに来て懐かしい気持になっていた。それは私の故郷も扇状地にそって湧水池が点在していた。そこには、トゲウオの仲間 ハリヨ がすんでいた。しかし15年ほど前に訪れた時には開発工事のためドブ池と化し、ブルーギルが泳いでいた。

Field Sketch 2007/9 No.12

水谷高英
http://www2.tba.t-com.ne.jp/taka/
Field Note 2003～

9月、いざ白樺峠へ！（長野県、松本市）9/16・21日
太平洋側より、10日ほど早く始まる"タカの渡り"を、地元（関東地方）のシーズンに先がけ観に行くことに。
9/16. 深夜に東京を発ち途中仮眠をとり、7:30、白樺峠に立つ。晴れ、意外に蒸し暑い

［ムツアカネ］
・成熟しても赤くならず黒くなる。

・8:20 正面（東）から尾根を越えながら低く近づき真上を［サシバ］6羽通過。近い！！

・しかしこの後、全くタカの姿は見られず、いつの間にか峠は雨雲におおわれ11:00には本降りになり、やむなく下山。

9/21 再び白樺峠へ！
3:00に自宅を出て一気に現地へ。7:20着、快晴、風は（前線が北日本に停滞）南よりの微風。
前回にくらべ爽やかな風が期待をふくらませる。
7:55 谷側に［ミサゴ］1羽流れる。その後は数羽の群れが10分ほどの間隔で間断なく流れる。

16:00 17羽の群れの中に暗色型［サシバ］1羽初見
1000羽に1羽ともいわれる暗色型

［ハリオアマツバメ］

［コサメビタキ］
［アサギマダラ］
［サシバのタカ柱］
［ムツアカネ］
［クラゲンヒョウモン］

15:00. この日最多の［サシバ］の群れ65羽。正面から低く現れ真上でタカ柱をつくり、アッという間に流れて行く。近い！！
西日に照らされ［サシバ］の虹彩とろう膜が、黄金色に輝いている！
上空で旋回する［サシバ］のつばさが透けるのも美しい！
16:00頃までには20～30羽の［サシバ］の群れが堰を切って続々と流れた。

Count	(個人)
サシバ	410
ハチクマ	43
ノスリ	4
ツミ（ハイタカ?）	3
ミサゴ	3

86

- 白樺峠を乗鞍高原へと下ると、10年ほど前に家族で過ごしたコテージのある一の瀬園地に出る。なつかしくて訪ねてみた。11:30

乗鞍岳 3026m
ライチョウが見られる。

サシバ
ノスリ
ピィーエ ピィーエ
ハチクマ
ピィーエ ピィーエ

- コテージは新地に変わっていたが他は以前のままの美しさ。
やがて雲の切れ間から青空と乗鞍岳が現れた。
その美しさにスケッチを始めると立ち昇る雲の中から
サシバが現れた。12:10 その後、12:37までに
ハチクマ 2+2 サシバ 1 渡る。ノスリ 1（地付か）
- 13:00 には完全に青空がもどり、再度
白樺峠へ。しかし‥‥
15:00過ぎまで待って ハチクマ 3羽
に終わる。再び雨。

14:10に現れた
ハチクマ 近い！

- 白樺峠の花

アケボノソウ

- 一の瀬園地の花

ウメバチソウ

ノコンギク

ハナイカリ

- 峠で見つけた
コエゾゼミ のヌケガラ
頭と胸の幅がほぼ同じ
- 大きさ形は アブラゼミ のものに似るが色は淡灰褐色

ママシバメ

早朝この辺りでついた
群れは峠に現れる
ことはなかった。北側へ
迂回したのだろうか？

この辺りからタカを出る
群れは真上を通過してくれた。

オ2ピーク
オ1ピーク
松本市街
ミサゴ
美ヶ原
谷へ流れる
梓湖

ノビタキ

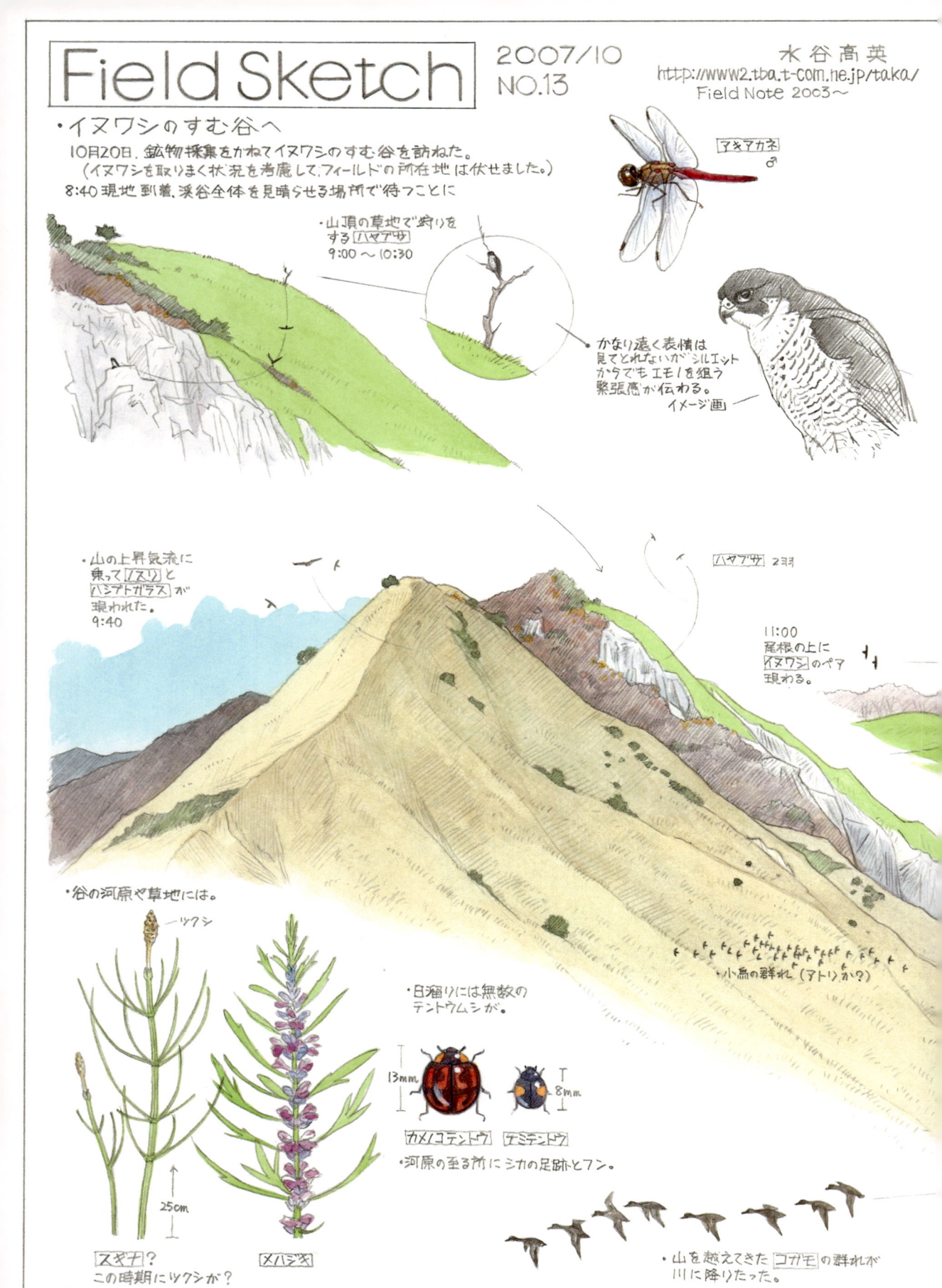

Field Sketch　2007/10　NO.13

水谷高英
http://www2.tba.t-com.ne.jp/taka/
Field Note 2003〜

・イヌワシのすむ谷へ
　10月20日、鉱物採集をかねてイヌワシのすむ谷を訪ねた。
　（イヌワシを取りまく状況を考慮して、フィールドの所在地は伏せました。）
　8:40 現地到着、渓谷全体を見晴らせる場所で待つことに

アキアカネ ♂

・山頂の草地で狩りをする ハヤブサ
　9:00〜10:30

かなり遠く表情は見てとれないがシルエットからでもエモノを狙う緊張感が伝わる。
イメージ画

・山の上昇気流に乗って イヌワシ と ハシブトガラス が現われた。
　9:40

ハヤブサ 2羽

11:00 尾根の上に イヌワシ のペア現われる。

・谷の河原や草地には。

ツクシ

・日溜りには無数のテントウムシが。

カメノコテントウ　13mm
ヘリミテントウ　8mm

・河原の至る所にシカの足跡とフン。

スギナ？
この時期にツクシが？
メハジキ

・小鳥の群れ（アトリか？）

・山を越えてきた コガモ の群れが川に降りたった。

・背後の岩山には 谷全体を見張る ハヤブサ が

ハヤブサ

オオタカ

トビ

9:20. 山の反対側から上昇気流に乗って
現われた イヌワシ 幼鳥。
一度もはばたかず ゆったりと
尾根にそって流れた。

。山頂の草地に来た イヌワシ のペア。
連携して草地に隠れるエモノを追
い出すペアハンティングを始めた。

イヌワシ 幼鳥

イヌワシ
成鳥

ツミ

ニホンジカ ♂ 冬毛
200mほど離れてはいるが
白いオシリが肉眼でも見える。
角のえだが3本なので3〜4才の
オスと思われる。

・今回、対象が イヌワシ ということで、彼らの
生活圏に立ち入ることは避け 遠くからの
観察となったが、逆に彼らの生態をパラノラマ
で視ることができ 満足な日となった。
目も疲れたので 午後は鉱物採集へと切り替える。

Field Sketch

2007/11 NO.14

水谷高英
http://www2.tba.t-com.ne.jp/taka/
Field Note 2003〜

11月. 晩秋のフィールドを楽しむ。(群馬県 川場村, 茨城県 久慈川, 山田川)

雪が降る前にと, 急ぎ鉱物採集に出かけることに。最近は, 鳥見を主目的にせず出かけ, 思わぬ野鳥との出会いを楽しむようにしている。

ミズナラのドングリ
発芽しているが, すでに卵を産みつけられた穴があいている。

11/16 BIRDER 2007.9月号で紹介した, 群馬県 川場村を再び訪ねることに。
- 平地では晴れていたが山に入ると小雪が舞い一気に気温が下がる。
登山道には, 山の実りの豊かさを示すようにヤマブドウの実やドングリが。
アケビの種を含んだフンやクモ達の足跡も点在していた。

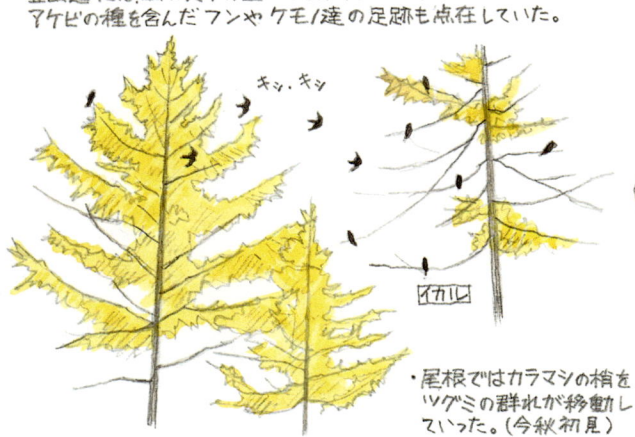

キシ, キシ / イカル

- 尾根ではカラマツの梢をツグミの群れが移動していった。(今秋初見)

・今回採取した鉱物。

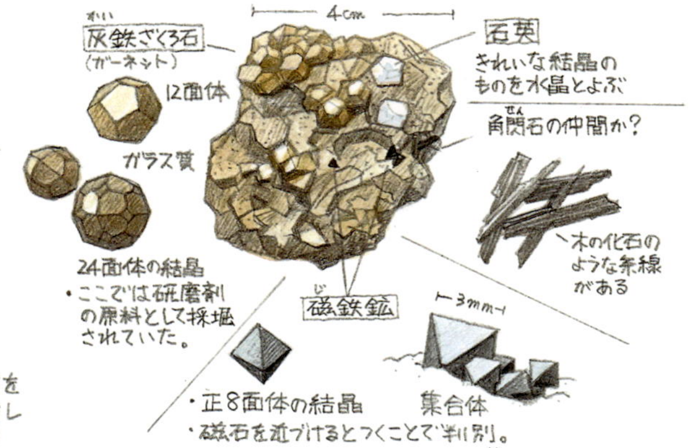

灰鉄ざくろ石 (ガーネット) 12面体 / ガラス質 / 24面体の結晶
ここでは研磨剤の原料として採掘されていた。

石英 きれいな結晶のものを水晶とよぶ

角閃石の仲間か?

木の化石のような条線がある

磁鉄鉱 ←3mm→ 集合体
・正8面体の結晶
・磁石を近づけるとつくことで判別。

11/17, 19 秋の河原でめのうを探す。
茨城県 大子町の めのう 鉱山跡を水源域とする 久慈川, 山田川を中流域から上流域へと上る。
○ 11/17 山田川中流域, 田園地帯を流れる小さな川

中州

・何の根拠もなく選んだ場所だがいきなり めのう の原石をゲットしてしまった。
・キレイな水と足元に群れる小魚が心地よい。

ぎょくずい (めのう)
ガラス質
日にかざすと琥珀色が透けて美しい! 他に数個のめのう (質は良くない) と, 大理石を採取。

○ 山田川から峠を越え久慈川へ移動 中流域から上流域で採集。
明るく広い川で心地良いのだが 遡上した サケ のおびただしい死骸が悪臭を放ち, 早々に切り上げる。

トビ
柿の木に群れる ハシボソガラス
ツバメ
カワセミ
サケ
サケの目玉だけをほじる ハシブトガラス

90

・山頂から尾瀬のある北東方向を望む。紅葉もピークで美しい。大型猛禽の出現を期待するも 現れず。

ミズナラの木にクマ棚か？

・前回と同じように、鉱物採集を
終え、見晴らしのよいスキー場の駐車場
へと移動。昼食をとっていると上空を
ツグミ の群れが渡っていく。カウントしていると
続々と現れ200羽の群れが尾根を越えていった。
それ以降も200羽ほどの群れが尾根から出たり
消えたりが続いた。同じ群れかは不明。

キッ、キッ
ツグミ

11/19 最後に採掘場のあった山を訪ね
近くの沢で採集。

・渡ってきてから市街地
に現われるまでには
少し時間がかかるが
今年は自宅周辺で 12/10に
なっても見かけない。遅い！

めのう
ガラス質／水晶が見られる
ものも

・微細な石英によって出来た緻密な塊
を ぎょくずい といい、その中の縞模様
のハッキリしているものを めのう とよぶ
多孔質で染色しやすいため、市販の
ものの多くは人工的に着色
されたもの。

めのう
小さな水晶
がビッシリ。
4.5cm

ぎょくずい
・割ってみると石の中の
空間に球状の結晶
が詰まっていた。
ガラス質
白色半透明
9cm

めのう
ガラス質
3.5cm

φ20cmほどの原石
を割ったものの一部。
紫色の層が透けて
美しい！

アオサギ

20羽ほどの ダイサギ さかんに採餌

91

Field Sketch

2007/12
NO.15

水谷高英
http://www2.tba.t-com.ne.jp/taka/
Field Note 2003〜

○ 再び久慈川へ　(茨城県, 大子町) 12/8
　前号で紹介した久慈川へ, 友人御夫妻をお誘いし再び訪ねることに。

・長良川を見て育った私はどうしても河のたたずまいにこだわってしまう。
　その私が心地良いと感じた久慈川, おまけに河原を丹念に探せば
　めのうが採取できるという ☆☆ のフィールドだ。

・鉱山跡の沢をめのうを探しながら久慈川合流点まで下ると ヤマセミ に出会った。
　川岸の紅葉に映えてその姿が美しい！ミサゴ も上流へ上っていった。

・すぐ下流に堰があるため, 流れがゆるやかで水深もあり ヤマセミ の
　猟場に適しているのだろう。

・道路わきの崖には
　クリスマスの飾りつけ
　のような フユイチゴ と
　スズメウリ 。

[ヤマセミ]
[ルリビタキ ♀]　[ヤマセミ]

・久慈川に流れ込む小さな沢に カワセミ が入って行く, 誘われるように後を追うと, 人が入ることがなかったのか
　ぎょくずい(めのう)の原石が点々と落ちている。(大きなものもあるが, 質はあまり良くない)

[ルリビタキ ♀]　ヒッ, ヒッ, ヒッ。

エナガ の群れ→

○ ぎょくずい
　ガラス質半透明
　水泡状
　├─3cm─┤
　めのうの空洞に水晶と
　共によく見られる。

[カワセミ]

・めのうの鉱山跡のある岩山を眺めながら昼食をとっているとハイタカが現れた。

小鳥を追うハイタカ♀

・この日入道雲がわくほどに気温が上昇。透明感のある黄金色に色付いた山々が美しい。時折吹く風に山頂の木々が枯葉を舞い上げる。

ハイタカ ♀
TL ♂ 30〜32.5cm
♀ 37〜40cm
WS 60.5〜79cm

ミサゴ
ホオジロ
カワガラス

・少し奥に入った陽の当たらない淵には…。

枝がフンで白くなっている。

・淵の底には産卵を終えたサケ♀が真白になって横たわる。キズもなくキレイ。

・ウグイの群れの中に4cmほどのサケ,マス科の稚魚。サケの稚魚にしては成長が早過ぎる気が？

頭がまるい　斑がある　・特徴はサケの稚魚なのだが？

○サケの成長（寒い地域）
産卵後30日。卵に眼が現れる。
産卵後60日。ふ化。　卵黄
・ふ化後60日 餌はとらず卵黄を吸収して成長する。

※上のような稚魚になるには4ヶ月以上かかることになる。水温が高いと成長が早くなるとはいえ、遡上時期が10月〜11月ということを考えると？？

・暗く深い淵と思っていたのは数千匹の小魚の群れで私達の気配で太い帯となって流れた。
・ここはヤマセミ,カワセミの秘密のエサ場だった。

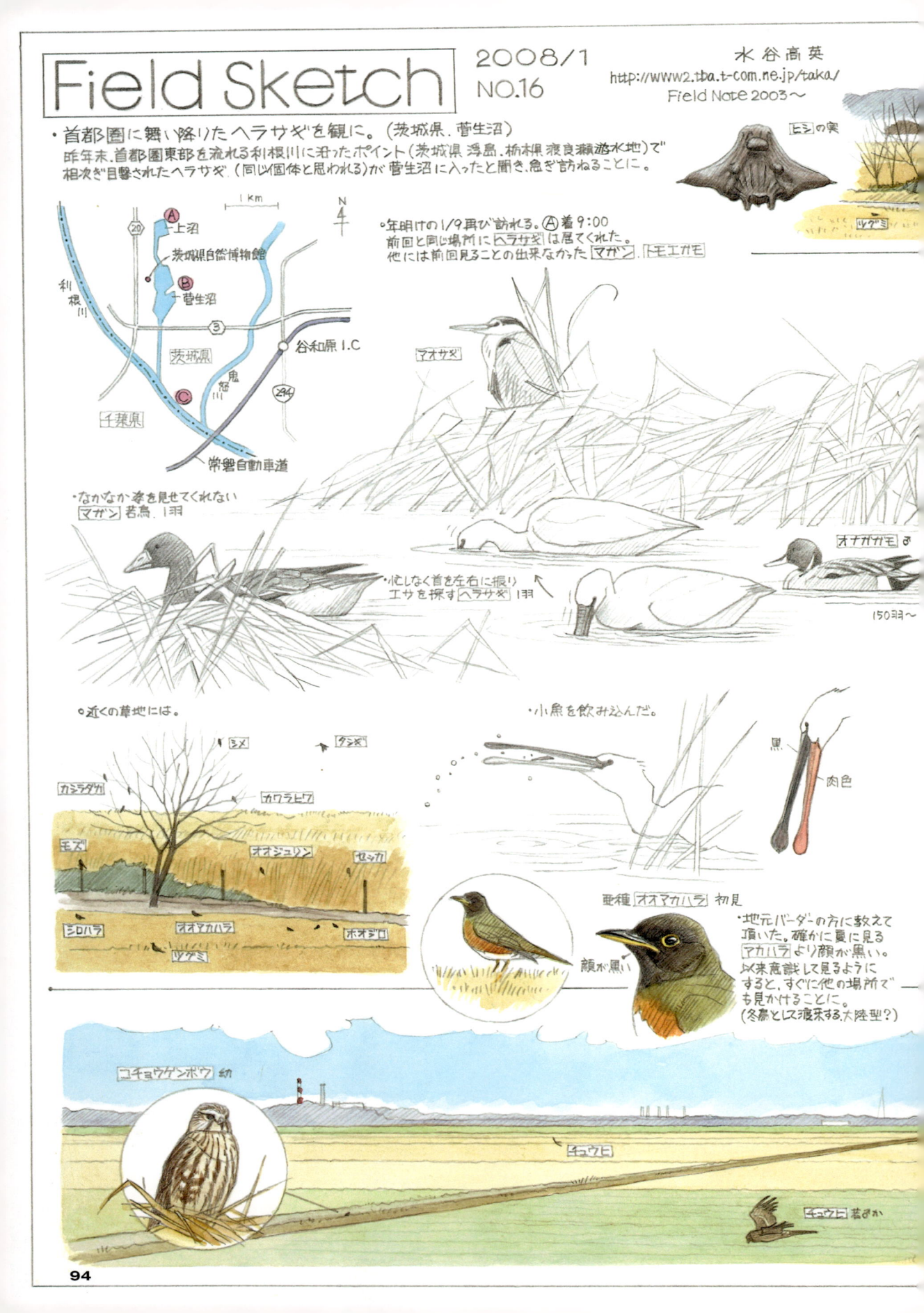

Field Sketch

2008/1 NO.16

水谷高英
http://www2.tba.t-com.ne.jp/taka/
Field Note 2003〜

- 首都圏に舞い降りたヘラサギを観に。(茨城県．菅生沼)
  昨年末．首都圏東部を流れる利根川に沿ったポイント(茨城県 浮島．栃木県 渡良瀬遊水地)で相次ぎ目撃されたヘラサギ(同じ個体と思われる)が菅生沼に入ったと聞き、急ぎ訪ねることに。

ヒシの実

ツグミ

○年明けの1/9再び訪れる。Ⓐ着9:00
前回と同じ場所にヘラサギは居てくれた。
他には前回見ることの出来なかった マガン、トモエガモ

アオサギ

・なかなか姿を見せてくれない
マガン 若鳥 1羽

・忙しなく首を左右に振り
エサを探す ヘラサギ 1羽

オナガガモ ♂

150羽〜

○近くの草地には。

シメ　ツグミ
カシラダカ　カワラヒワ
モズ　オオジュリン　セッカ
シロハラ　オオアカハラ　ホオジロ
ツグミ

・小魚を飲み込んだ。

黒
肉色

亜種 オオアカハラ 初見
顔が黒い

・地元バーダーの方に教えて
頂いた。確かに夏に見る
アカハラより顔が黒い。
以来意識して見るように
すると、すぐに他の場所で
も見かけることに。
(冬鳥として渡来する大陸型？)

コチョウゲンボウ 幼

チョウゲンボウ

チョウゲンボウ 若さか

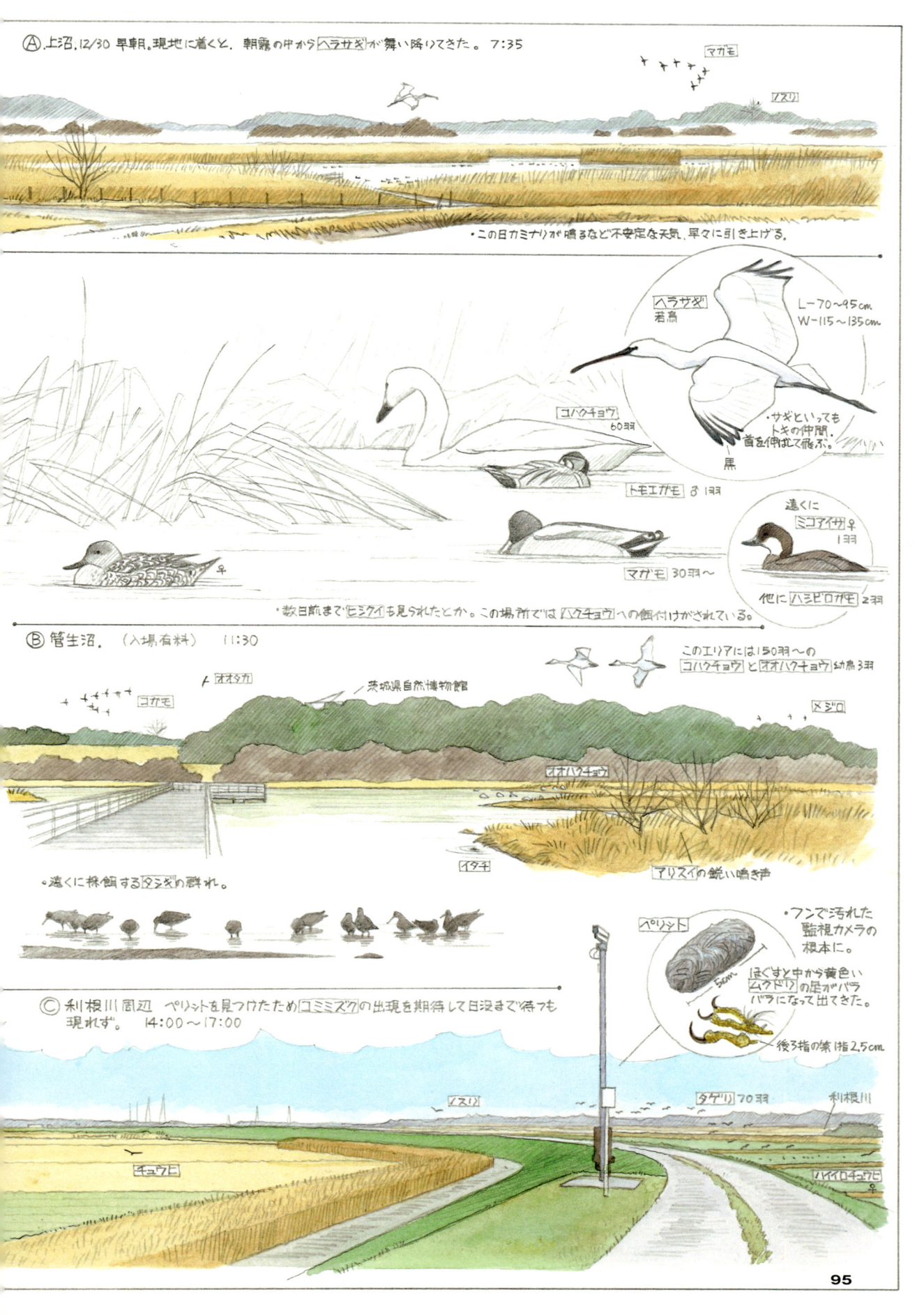

Ⓐ 上沼。12/30 早朝。現地に着くと、朝霧の中から ヘラサギ が舞い降りてきた。7:35

マガモ

ノスリ

・この日カミナリが鳴るなど不安定な天気、早々に引き上げる。

ヘラサギ 若鳥
L-70～95cm
W-115～135cm

・サギといっても
トキの仲間。
首を伸ばして飛ぶ。

黒

コハクチョウ 60羽

トモエガモ ♂ 1羽

遠くに
ミコアイサ ♀ 1羽

マガモ 30羽〜

他に ハシビロガモ 2羽

・数日前まで ヒシクイ も見られたとか。この場所では ハクチョウ への餌付けがされている。

Ⓑ 菅生沼。（入場有料） 11:30

このエリアには150羽〜の コハクチョウ と オオハクチョウ 幼鳥3羽

オオタカ

コガモ

茨城県自然博物館

メジロ

オオハクチョウ

イタチ

アリスイ の鋭い鳴き声

・遠くに採餌する タシギ の群れ。

ペリット

・フンで汚れた
監視カメラの
根本に。

5cm

・ほぐすと中から黄色い
ムクドリ の足がバラ
バラになって出てきた。

後3指の爪指 2.5cm

Ⓒ 利根川周辺 ペリットを見つけたため コミミズク の出現を期待して日没まで待つも
現れず。14:00～17:00

ノスリ

タゲリ 70羽

利根川

キョウジョ

ハイイロチュウヒ ♀

95

Field Sketch

2008/2 NO.17
水谷高英
http://www2.tba.t-com.ne.jp/taka/
Field Note 2003～

オオイヌノフグリ

○ **コミミズクが帰ってきた！** （首都圏の米軍基地）

10年程前には、多い時で5羽のコミミズクを観ることの出来たフィールドだが、9.11テロが起きた2001年の冬以来姿を見せなくなっていた。（原因としては滑走路の拡張工事、夜間警備強化のための照明の増設、エサ不足？が考えられる。）
それが、2月3日地元バーダーの方から「基地にコミミ1羽入る。」の報。折しもこの日関東地方は大雪、上がるのを待ち、翌日、早速訪ねてみた。

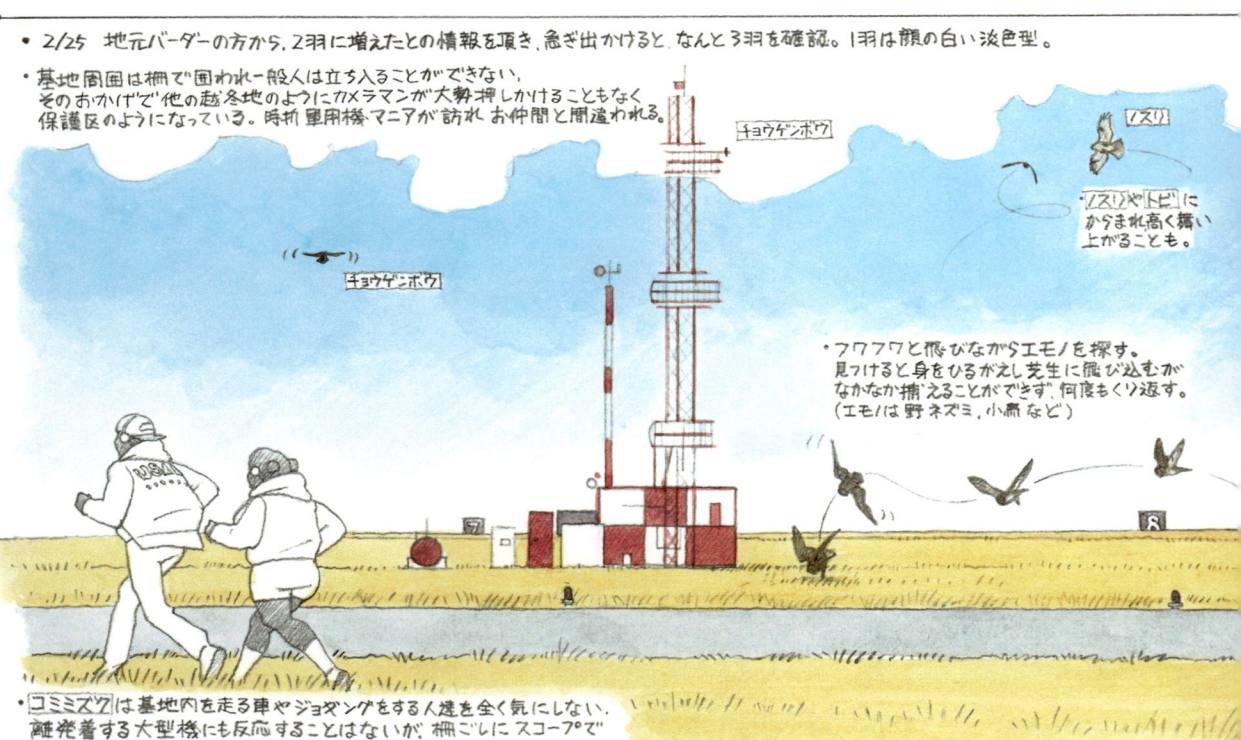

コミミズク
フクロウ目 フクロウ科
L-38cm

・色味は標準的な個体だが少しスリムに見える。ヤセているのか、上空から威嚇してくるトビに緊張しているのかは不明。

・今年はさいたま市の農耕地にも3羽来てくれたのだが、私は4度訪ね ことごとくハズしてしまった。本命のツリスガラにも完璧に振られてしまった。

トラ模様

凛とした表情がステキだ！

・誘導灯などの低いものに止まる。

・2/25 地元バーダーの方から、2羽に増えたとの情報を頂き、急ぎ出かけると、なんと3羽を確認。1羽は顔の白い淡色型。

・基地周囲は柵で囲われ一般人は立ち入ることができない。そのおかげで他の越冬地のようにカメラマンが大勢押しかけることもなく保護区のようになっている。時折軍用機マニアが訪れ お仲間と間違われる。

チョウゲンボウ
ノスリ

ノスリやトビにからまれ高く舞い上がることも。

チョウゲンボウ

・フワフワと飛びながらエモノを探す。見つけると身をひるがえし芝生に飛び込むがなかなか捕えることができず、何度もくり返す。（エモノは野ネズミ、小鳥など）

・コミミズクは基地内を走る車やジョギングをする人達を全く気にしない。離発着する大型機にも反応することはないが、柵ごしにスコープで覗くと、視線が合ってしまう。さすが猛禽 私をしっかりロックオンしている。

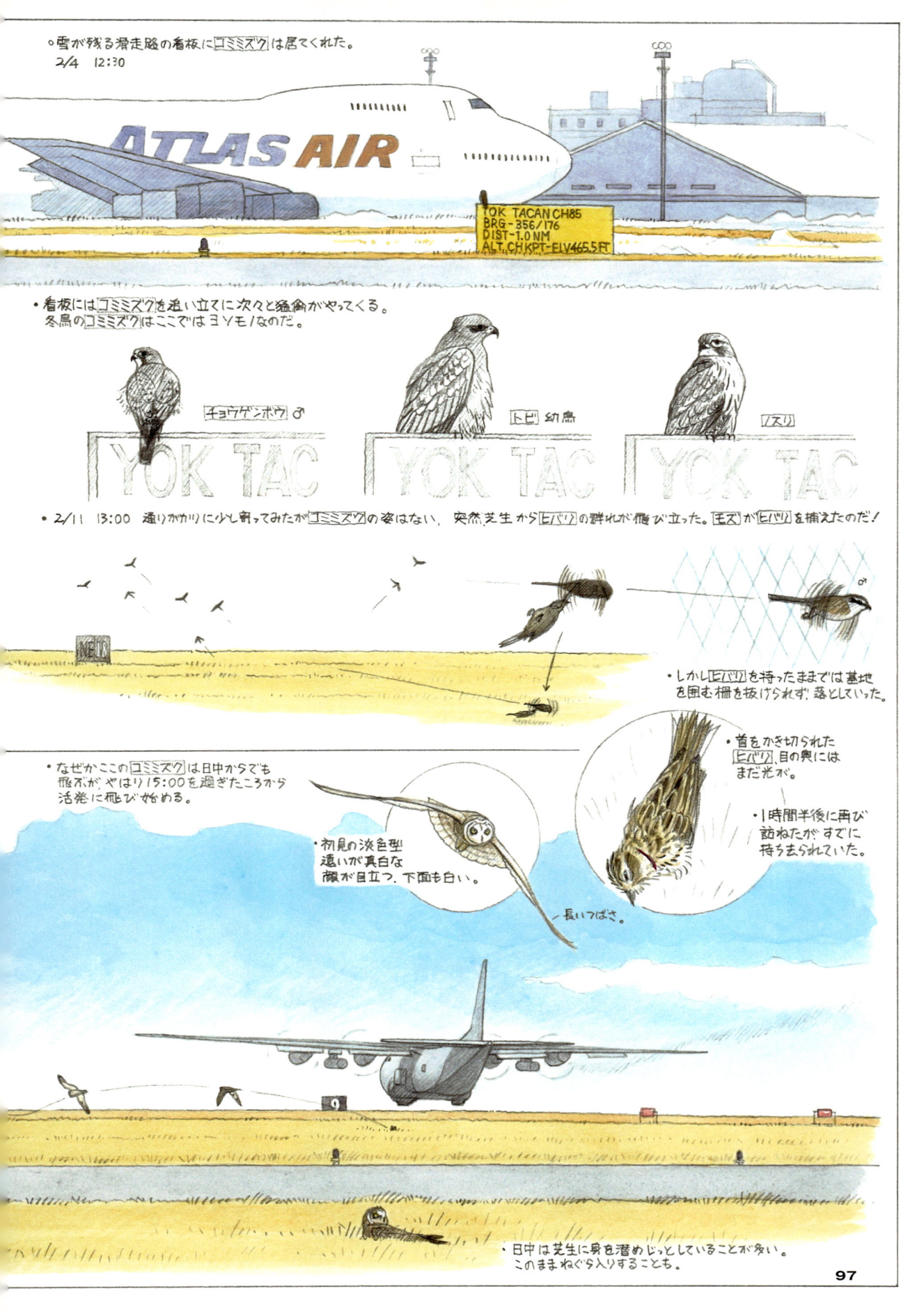

- 雪が残る滑走路の看板に コミミズク は居てくれた。
2/4 12:30

```
YOK TACAN CH85
BRG - 356/176
DIST - 1.0 NM
ALT.CHKPT-ELV465.5ft
```

- 看板には コミミズク を追い立てに次々と猛禽がやってくる。
冬鳥の コミミズク はここでは ヨソモノ なのだ。

チョウゲンボウ ♂   トビ 幼鳥   ノスリ

- 2/11 13:00 通りがかりに少し寄ってみたが コミミズク の姿はない。突然芝生から ヒバリ の群れが飛び立った。モズ が ヒバリ を捕えたのだ！

- しかし ヒバリ を持ったままでは墓地を囲む柵を抜けられず、落としていった。

- 首をかき切られた ヒバリ、目の奥にはまだ光が。
- 1時間半後に再び訪ねたがすでに持ち去られていた。

- なぜかここの コミミズク は日中からでも飛ぶが、やはり15:00を過ぎたころから活発に飛び始める。

- 初見の淡色型
違いが真白な顔が目立つ。下面も白い。
- 長いつばさ。

- 日中は芝生に身を潜めじっとしていることが多い。
このままねぐら入りすることも。

Field Sketch

2008/3 NO.18

水谷高英
http://www2.tba.t-com.ne.jp/taka/
Field Note 2003～

- 静岡は野鳥のワンダーランドだった。(静岡県西部地方) 3/1・2日

浜松在住のバーダーKさんから、「シベリアハヤブサ、オオワシ、オジロワシ、を観に来ませんか。」とのお誘い。鳥見では、まだ一度も訪ねたことのない静岡県。リストアップされた鳥たちも静岡県をイメージさせるものではなく、なんだかよくわからないまま出かけることに…。それが！

クマタカ / ノスリ / ウミネコ

9:30 エサ場の漁港から戻ってきた オオワシ 近い！

ヒメウ 幼
・潜ると25〜30秒ほど出てこない。

イソヒヨドリ

3/2 9:15 この日は内陸の田園地帯で シベリアハヤブサ を探す。

亜種 シベリアハヤブサ
・特徴である胸から腹にかけて朱褐色が見られる。右のとはペア ♀

ヒバリ

田で捕えたエモノを鉄塔で食べている。

亜種 シベリアハヤブサ ♂
タヒバリ の三列風切が見える。

南アルプス

・開けた農地と里山が点在する狩場。ドバト ヒバリ タヒバリ カワラヒワ が多い。

・13:00 オジロワシ が越冬しているという天竜川のポイントを訪ねたが、すでに旅立ったのか出会えず。

河原が広い

・今回、現地でお会いした地元バーダーの方々の笑顔がステキで関東周辺の鳥見で少しレイジワルになっていた自分を反省。

ネグラになっている

オオタカ

ハシブトガラス

オオワシ

ハヤブサ

3/1 8:30 現地に着くと直ぐに海岸の崖の上に オオワシ が現れた。からも ハシブトガラス でその大きさがわかる。デカイ！

イカル
50羽の群れ
他に マヒワ ハギマシコ
ジョウビタキ

・20年ほど前からここで
越冬する オオワシ
羽の欠損や汚れもない
キレイな個体 美しい！

ミサゴ

トビ

・午前中は春がすみで
見えなかった富士山
午後になって姿を現した。

・地元のバーダーも驚く
ほど近くを飛んでくれ
その美しさを堪能。

オオワシ
L-95cm
W-220〜250cm

・この日この場所で ワシタカ 7種確認。

・一度もはばたかず
飛び続けた。

尾も翼も菱形。

淡い褐色斑

コミミズク

・身を潜めながらも
じっとこちらを見ている。

亜種 シベリアハヤブサ ♂
意外と小さく見える？

ドバト

チョウゲンボウ

刈田の中に身を潜める コミミズク 2羽（直前までは3羽）

ハヤブサ ・遠いが エモノ を捕えているように見える。

カワアイサ マガモ

ダイサギ が多い。

チュウヒ

Field Sketch

2008/4 NO.19

水谷高英
http://www2.tba.t-com.ne.jp/taka/
Field Note 2003〜

・サクラ咲く南アルプス 甲斐駒ヶ岳山麓へ （山梨県白州町 4/23）
ゴールデンウィーク直前、雪を頂く駒ヶ岳山麓ではサクラ、ツツジが咲き、夏鳥の声が響き渡る。

キブシ

[地図: 長野県／山梨県、赤岳2899M、八ヶ岳、入笠山1955M、中央自動車道、釜無川、小淵沢I.C、清春芸術村、長坂I.C、南アルプス、サントリー白州蒸留所、鋸岳2685M、甲斐駒ヶ岳2967M、尾白川渓谷、神代桜、仙丈岳3033M、北岳3192M、5km]

キビタキ ♂
スズメ目ヒタキ科
L-14cm

↑ アマツバメ
↑ カケス
↑ オオルリ
↑ イカル
アオゲラ
ミソサザイ

Ⓑ 駒ヶ岳を水源とする尾白川渓谷 8:50
・河原の石や砂は地名の「白州」の由来となった真白な花こう岩。そのため水はエメラルド色。

センダイムシクイ

カワガラス
キセキレイ

・沢には数羽のキビタキやオオルリ、センダイムシクイ、エゾムシクイ、ゴジュウカラの声が響く。

・ほとんどの石が白い石英と黒い雲母で出来た花こう岩だが、少しピンク色をしたものを見つけ割ってみると。

4cm　4mm　ピンク色の結晶（長石）
小さな水晶　透明。

沢に咲く
ヤシオツツジ

Ⓓ 入笠山のふもとに広がる牧草地から八ヶ岳を望む。キモチイーィ！ 14:00

ピキュ、キュキュキュ
チョルルル
キュルル
ピチュービー

コムクドリ ♂

・電線でさかんに早口でさえずる♂
・牧草地を低く飛翔で鳴び近くの林へエサを運んでいた。

囀る♂は美しい！

コムクドリ ♂

100

Ⓐ 清春芸術村　アトリエの背後に甲斐駒ヶ岳を望む絶景 周囲の林から キビタキ の声。8:00

← ツバメ

Ⓒ 標高1955mの入笠山高原。山頂周辺には湿原や開けた放牧場が広がる。
冬期には大型猛禽の狩場になるのではと思い訪ねたが、残雪と道路整備のためか
山頂手前で道路は封鎖中。やむなく見晴らしの良い場所から山頂方向を観察。11:00

イヌワシ

ノスリのディスプレイ

クマタカ

○2時間の間に ノスリ のペアがさかんに
ディスプレイフライトを繰り返す。12:00を過ぎ
昼食をとっていると山頂上空の雲の中に イヌワシ 現る！遠い！
（この高原には風力発電用 大型風車の建設計画がもち上がっている。）

・このあたりまで上ると夏鳥の姿はまだない。

● 2005 4/29に訪れた時には...　湿原では ミズバショウ が咲き始めていた。

ニホンアナグマ

冬眠からさめたばかりで
警戒心がうすい。

コガラが
営巣していた。

アカゲラ

キセキレイ

ケーン
ケーン

キジ♂

101

Field Sketch

2008/5 NO.20

水谷高英
http://www2.tba.t-com.ne.jp/taka/
Field Note 2003～

クワの実

- 屋敷林 — 住宅地に残る稀少な繁殖地（東京都．西多摩地区）

5月、梅雨のような長雨が続き鳥見に出かける機会もなく悶々とした日を送っていたが、月末の27日、久々の爽やかな朝、遠くで カッコウ の声。例年5月の中旬 ホトトギス と共に渡ってくる カッコウ。しかしここ数年、声の聞こえる期間が延びて、例年なら 6月中旬には聞けなくなる声が昨年は7月7日に記録。托卵の状況に変化が起きているのか知りたくて後を追って見るとりっぱな屋敷林に辿り着くことに。

カッコウ
カッコウ目．カッコウ科
L-35cm

- 武蔵野の屋敷林
短冊状に区割された農地。富士山の噴火で火山灰におおわれた収穫率の悪い土地のため一区画の面積は広い。
街道に面した南側に防風林に囲まれた屋敷林が残る。

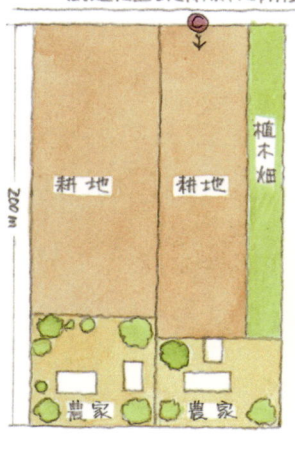

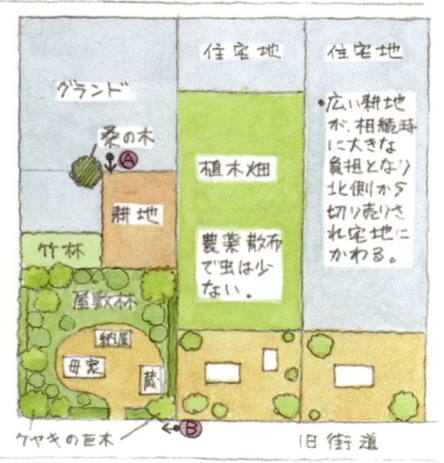

[地図：耕地、植木畑、グランド、桑の木Ⓐ、竹林、屋敷林、納屋、母家、蔵、ケヤキの巨木Ⓑ、旧街道、住宅地、植木畑、農薬散布で虫は少ない。広い耕地が相続時に大きな負担となり北側から切り売りされ宅地にかわる。]

さかんに♀を呼ぶ
住宅地
植木畑
N

求愛求額する
ムクドリ

- 屋敷を囲むケヤキの巨木は倒木や落ち葉、日照問題などで次々と切られ、フクロウ や アオバズク の営巣木が消えそして堆肥をとるための平地林もほとんどが住宅地へと変わった。

Ⓑ街道に面したケヤキの巨木

ワカケホンセイインコ →
いくつもの大きなウロ
ムクドリ

- カッコウ はつばさが長く、飛ぶ姿はタカに似る。
それは、タカと間違えさせることで"モビング"を誘導し、巣の位置を確認しているのではといわれている。
今回 オナガ は反応することはなかった。まだ産卵前なのだろう。

- 数年前はアオバズクの声も聞くことができた。

カッコウの見張り木
屋敷林
チョウダンボウ
ケヤキ
ハシブトガラス
ムクドリ

102

5/15 7:00 自宅前の林で鳴く カッコウ ♂ (今年初見)

ツバメ

カッコー
カッコー

Ⓐ 多くの鳥が繁殖する屋敷林周辺。(北側のグランドからのぞむ) 5/27.28
空地の桑の木の実を食べに ムクドリ と オナガ 次々にやってくる。
それらの鳥の行動を観ていると繁殖行動の進行段階がよく分かる。同じように見張り場から カッコウ と ハシブトガラス がその様子をじっと観ている
このエリアで托卵の対象となる鳥は オナガ のみ。

ツミ ♀ 林の中でさかんに鳴いた後、飛び出し上空を長い間旋回。林内に営巣木があるのだろう。

ゴマダラチョウ
エノキ

カッコウの見張り木のケヤキ巨木

交尾する オナガ

チョウゲンボウ

ツバメ 成鳥の群れ。

屋敷林

小鳥たちの行動をずーっと見張る ハシブトガラス

ケヤキ巨木

クヌギの木

巣材やエサを運ぶ ムクドリ。

竹林

オナガ

・カッコウ ♂ を追う ヒヨドリ のペア
この後♀のカッコウも現われた。
ヒヨドリ への托卵は聞いたことがないが？
(ヒナに与えるエサか、ふ化する日数が合わないのだろうか。
卵は似ているが。)

巣立ちビナにエサを与える スズメ。

5/28 Ⓒ カッ カッ カッコーの声と共に2羽の♂が飛び出し田へ。後を追って見ると、追っていた方の♂が 0.5km で引き返した。おそらくそのあたりまでが縄張りなのだろう。
6/11 オナガ の抱卵が始まっていた。托卵を終えたのだろうか？
カッコウ の姿も消えていた。

農家

Field Sketch

2008/6 NO.21

水谷高英
http://www2.tba.t-com.ne.jp/taka/
Field Note 2003～

・北信濃 鳥見旅 ① (長野県. 志賀高原) 6/7

6/7～8. 鳥見仲間8人で長野県北部の志賀高原－戸隠高原－斑尾高原を訪ね夏鳥を堪能！今回は初日に訪れた志賀高原を紹介します。

オオバキスミレ

・志賀高原 信州大学自然教育園 10:00
・駐車場でメンバーと落ち合い鳥見の準備をしていると、上空にハチクマが現われた。すると…

パン・パン・パン ♂

ハチクマのディスプレイフライト。(初見)
スーッと現れると翼を上に真直ぐに伸ばし、パンパンと 数回 打つことを2度くり返すと尾根の向こうに消えた。
(今回、資料に書いてあるような深い波状飛行ではなく、失速もせずに流れていった。縄張りの主張だったのか？)

・駐車場近くのシラカバに営巣する アカゲラ

ツボミ
↑18cm↓
イチヨウラン

・観察路に咲く花。
←1.5cm→
イワカガミ

他に、シラネアオイ

イワナシ ミツバオウレン ツバメオモト

8cm
卵 2.5mm
クロサンショウウオの卵のう。
水中の枯れ枝に2つの房が一対で産みつけられていた。
分布. 中部地方の北部から関東、東北にかけて。

・午後は地元バーダーの方と合流、市街地にある神社へ移動。

ムクドリ

キジバト

大きなケヤキ

巣のあるウロを見守る アオバズク ♂

・境内のケヤキの大木の高いところで営巣する オナガ
・東京より西でオナガを見たのは初めて。福井と静岡を結ぶラインが生息域の境とか。

- 群馬県との県境。渋峠から北信濃を望む。志賀高原は火山活動によってできた池や沼が70以上点在する美しい高原。

白馬岳2932M　笠ヶ岳2076M　戸隠連峰1904M　黒姫山2053M　妙高山2454M

志賀高原

- 教育園にある長池 (海抜1584M)
  溶岩台地のくぼ地にできた池。モリアオガエルの声と共に新緑の森からは無数の夏鳥の声。

オオルリ
イワツバメ
ノスリ
坊寺山 1840M
ツービー・ツーピー
カッコーカッコー
ポポポ ポポポ ポポポ
キヨリキヨリキヨリ
ジージージー
コシコシフシコシ
ヤブサメ

○鳴き声の聞けた鳥　シジュウカラ、ヒガラ、ルリビタキ、アオジ、メボソムシクイ、エゾムシクイ、キビタキ、コルリ、オオルリ、ウグイス、ヤブサメ、ビンズイ、ホオジロ、アカハラ、ウソ、アカゲラ、カッコウ、ジュウイチ、ツツドリ、ホトトギス (クロジ？)

- 神社で繁殖するチゴハヤブサ。

止まり場

チゴハヤブサ　タカ目、ハヤブサ科
L─ ♂34cm ♀37cm
♀には胸に淡い褐色味があり
眉斑も明りょう。

♀
尾より長い翼。
尾羽の中央2枚が長い。

- 北海道や東北での繁殖は知っていたが、信州での繁殖は今回初めて知ることに。
  カラスなどの空巣を利用して産卵するのだが時期が少し早いのか営巣木が特定できなかった。
  2時間ほどの観察だったが他のハヤブサの仲間とは違う繁殖環境にとまどうも、どこかツミの行動パターンに似ていて興味深く見ることができた。

- 今回、地元のバーダーの方に案内して頂いたり、現地でお会いした方々に詳しい情報を頂いたことに感謝.!

※ 次号は赤い鳥を求めて戸隠高原から斑尾高原へ。

- 時折、神社の周囲を飛ぶが早くて追えない。
キー・キー・キー

Field Sketch

2008/6 NO.22

水谷高英
http://www2.tba.t-com.ne.jp/taka/
Field Note 2003〜

○北信濃鳥見旅② 戸隠高原→野尻湖→斑尾高原（長野県）6/8
前日は志賀高原で鳥見の後 牧の入高原のコテージで1泊、ヨタカの声を聞きながら早々に就寝。
6月8日、前日の予報に反して晴れ、夜明けを待って急ぎ立つことに。

6:00 戸隠高原着、駐車場にはすでに首都圏ナンバーの車が並ぶ。
10日ほど前に現地バーダーの方から アカショウビン 入る.の情報。すでに広まっているのだろう、次々とバーダーが訪れる。
他のバーダーの後をついていくと 300m先に40人ほどの集団
あまりにも呆気無い アカショウビン との出会いに力が抜ける。

ズダヤクシュ

アカショウビン
ブッポウソウ目 カワセミ科
L－27cm

・営巣木の前の枝に止まる♂
時折巣穴から♀も飛び出す、鳴き声は一度しか聞くことができなかった。

・営巣中ということもあり 早々に引きあげ 次のポイントへ

○戸隠森林植物園（標高1220m）7:00

フライングキャッチをする
コサメビタキ

サンショウクイ
オオルリ
キビタキ
ゴジュウカラのペア
オオアカゲラ
アオジ
マミジロ
クリンソウ

マミジロ ♀

・森は鳥たちのさえずりで凄まじく 聞き分けることが出来ない。鳥の密度が濃い！

○斑尾高原原生花園 沼の原湿原（標高1000m） 11:20
周囲3kmの美しい湿原。6月なのに暑い！

カッコウ
モズ
・縄張りを争う
ホトトギス♂
モズ

ミツガシワ
上から見た サワオグルマ
ミミガタテンナンショウ
？
ズミに似るが花弁が4枚？
抜け落ちたのか

○戸隠森林植物園 緑ヶ池 7:35

[サンショウクイ] [イカル] [コガラ] [ヤマガラ] [ヒガラ] [ホオジロ] [カルガモ] [カイツブリ]

[モリアオガエル]の卵かい

・樹冠をさかんに飛ぶ[サンショウクイ]。

[エゾハルゼミ]

白 [ズミ]

・追いかけっこの末に交尾した[ゴジュウカラ]。

・子育て中の[アカゲラ] 巣立ち間近のヒナが顔を出してくれた。

○戸隠から斑尾へ移動中 野尻湖の背後に雪が残る妙高山が見えた。 11:00
この直後峠道で[クマタカ]、[サシバ]に会う。

妙高山(2454m)

[サシバ]♂ [アマツバメ]

激しく縄張りを争う[カッコウ]♂
ガ、ガ、カ、カ、カッコー

[ノスリ]

頭がグレー [モズ]

大きくなった[ズミ ショウ]

・低木のマナギの密生地に営巣する[モズ]と[ウグイス] 托卵をしようと[カッコウ]と[ホトトギス]も集まる。

○豊田飯山I.C(上信越自動車道)近くの食堂で 14:00 昼食をとった食堂前の畑で[サシバ]がハンティングを見せてくれた。

[サシバ] [キジバト] [カワラヒワ] [カワラヒワ] 営業地

・トカゲを捕えた[サシバ]♂

・食事中に食堂のTVから秋葉原の事件がLIVEで流れた。

Field Sketch

2008/8 NO.23

水谷高英
http://www2.tba.t-com.ne.jp/taka/
Field Note 2003〜

「ハマナス」の実

- 東京湾 シギチ 秋の渡り　8/22
  - ネットで「東京港野鳥公園に シベリアオオハシシギ 入る。」の報が流れた。しかし連日の猛暑で夏バテ気味、腰が重い。しかし22日の天気予報は最高気温25℃、一気に10℃近く下がるとのこと。しかも晴れ。これは行くしかない！

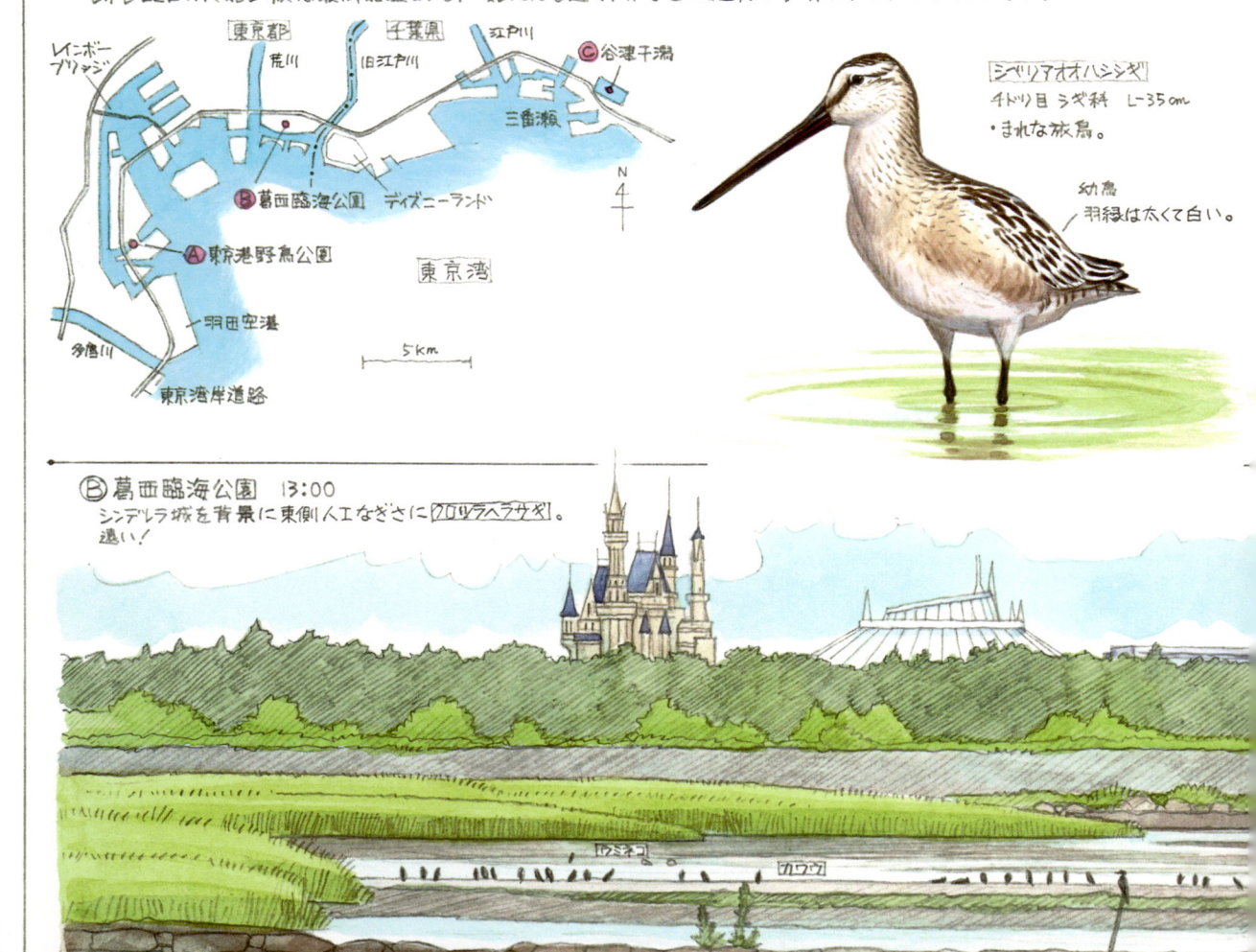

シベリアオオハシシギ
チドリ目 シギ科　L=35cm
・まれな旅鳥。
幼鳥
羽縁は太くて白い。

Ⓑ 葛西臨海公園　13:00
シンデレラ城を背景に東側人工なぎさに クロツラヘラサギ 。
遠い！

Ⓒ 谷津干潟　15:00　東京港より1時間ほど遅れて潮が引く干潟。15:30に オバシギ 6羽入るが他に動きがない。

換羽中の
オバシギ
6羽

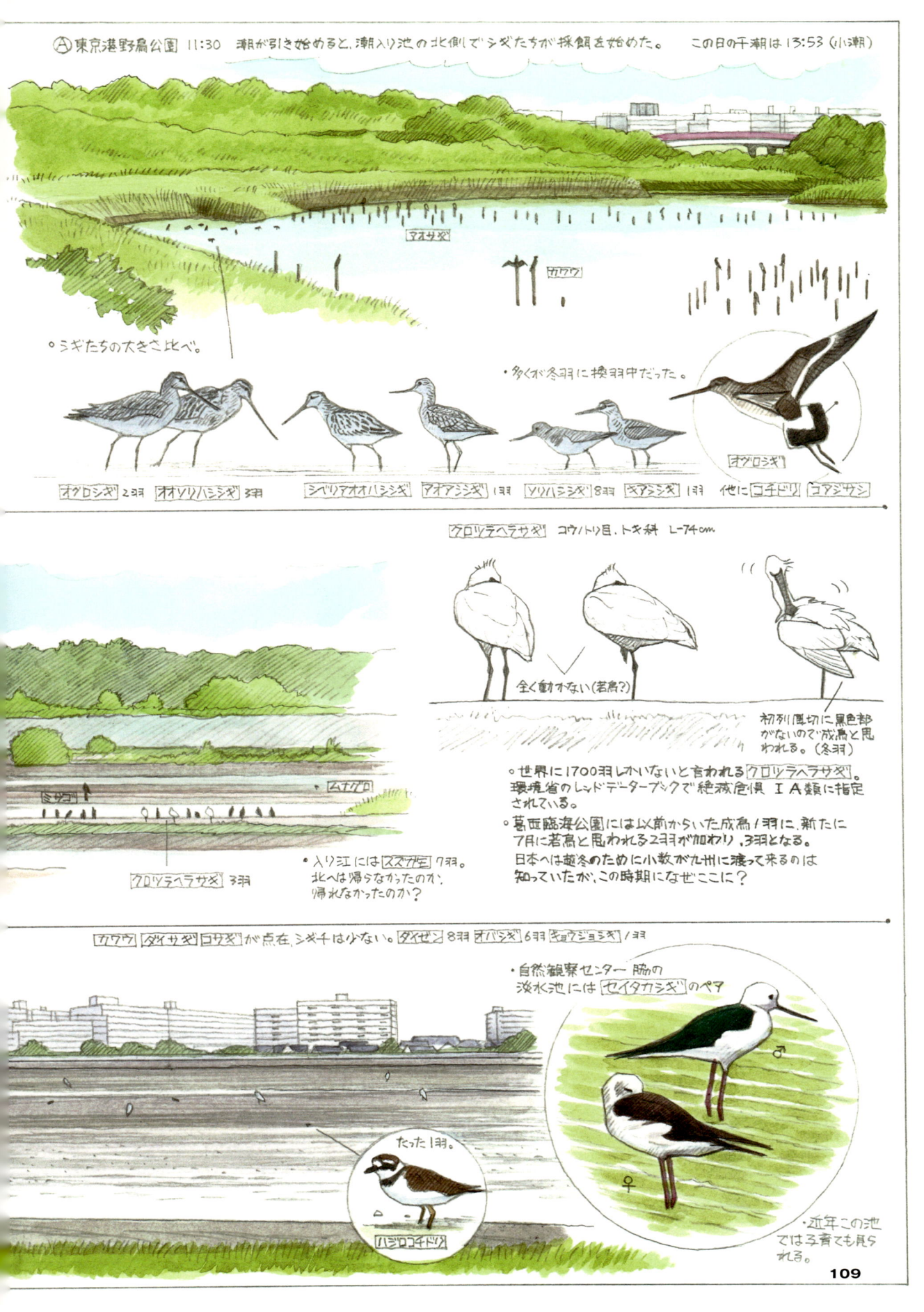

Ⓐ 東京港野鳥公園 11:30　潮が引き始めると、潮入り池の北側でシギたちが採餌を始めた。　この日の干潮は 13:53 (小潮)

アオサギ　カワウ

・多くが冬羽に換羽中だった。

・シギたちの大きさ比べ。

オグロシギ 2羽　オオソリハシシギ 3羽　シベリアオオハシシギ 1羽　アオアシシギ 1羽　ソリハシシギ 8羽　キアシシギ 1羽　他に コチドリ　コアジサシ

オグロシギ

クロツラヘラサギ　コウノトリ目、トキ科 L=74cm

全く動かない (若鳥？)

初列風切に黒色部がないので、成鳥と思われる。(冬羽)

ムナグロ

クロツラヘラサギ 3羽

・入り江には スズガモ 7羽。北へは帰らなかったのか、帰れなかったのか？

・世界に1700羽しかいないと言われる クロツラヘラサギ。環境省のレッドデータブックで絶滅危惧ⅠA類に指定されている。
・葛西臨海公園には以前からいた成鳥1羽に、新たに7月に若鳥と思われる2羽が加わり、3羽となる。日本へは越冬のために少数が九州に渡って来るのは知っていたが、この時期になぜここに？

カワウ　ダイサギ　コサギ が点在。シギ千は少ない。ダイゼン 8羽　オバシギ 6羽　キョウジョシギ 1羽

・自然観察センター脇の淡水池には セイタカシギ のペア

たった1羽。
ハジロコチドリ

・近年この池では子育ても見られる。

Field Sketch

2008/9 NO.24

水谷高英
http://www2.tba.t-com.ne.jp/taka/
Field Note 2003〜

ウリハダカエデ

○白樺峠 タカの渡り。(長野県.松本市) 9/17
7:00 現地に着くと山々は朝霧におおわれ、ギャラリーも少なく上映を待つシアターのような空気が流れる。
周囲のシラカバの林に コサメビタキ オオルリ♀が現れると幕が開くように霧が晴れ、同時に サシバ の渡りが始まった。(8:30)
この後、1時間に20〜30羽の サシバ と4羽ほどの ハチクマ が流れるペースが昼ごろまで続いた。(このころにはギャラリーも200人を越える。)

・翼と尾ばかりに気をとられ全体の印象が不明りょう。それでも顔が白く光って見えたのは印象に残った。

8:40
・近くを飛んでくれた ハチクマ の識別にトライ！
・初列風切と尾に左右対象で欠損が見られることから換羽中の成鳥と分かる。
・尾羽の横斑が細いことから成鳥♀と判断。(成鳥♂は太い。)

※幼鳥の尾の横斑も細いが幼鳥は翼の先が黒い

・地元、東京では渡る ハチクマ の多くは幼鳥で、換羽中の個体はあまり見かけない。
・しかしなぜ渡りの時期に換羽するのだろう、飛翔に影響はないのだろうか？

・13:30ごろに40羽ほどの群れが連続して現れると、少し勢いが下がり 14:00になると台形と呼ばれる尾根の上の奥から次々とわき出した。
その後も続々と現れ 15:00を過ぎ、ギャラリーも少なくなったころからは頭上を低く飛び始め、このころから カウント不能となり ただ見送るだけに。
16:00 帰り仕度を始めた時 感動的なフィナーレが待っていた！

CAST

アサギマダラ・クジャクチョウ
クロアゲハ・ウラギンヒョウモン

コサメビタキ・オオルリ♀
キセキレイ・イワツバメ
アマツバメ・ハリオアマツバメ
ホシガラス・カケス
・
サシバ　(832〜)
ハチクマ (53〜)
ノスリ　 (1〜)
ツミ　　 (9〜)
ミサゴ　 (1)
・
・
END

16:00　最後に150羽のタカ柱が立った！

110

8:30 朝霧が晴れると サシバ 22羽の群れが真上を流れてくれた。

10:00を過ぎ、ギャラリーが増え始めると渡りの流れが上空を避け左右に割れるように流れ始めた。

サシバ
成鳥 ♂

13:45 近くを飛んでくれた。

・この日空も雲もキレイでキモチイーイッ！
タカの渡りが途切れるとその度に イワツバメ ハリオアマツバメ アマツバメ の群れが現れ楽しませてくれた。

111

Field Sketch

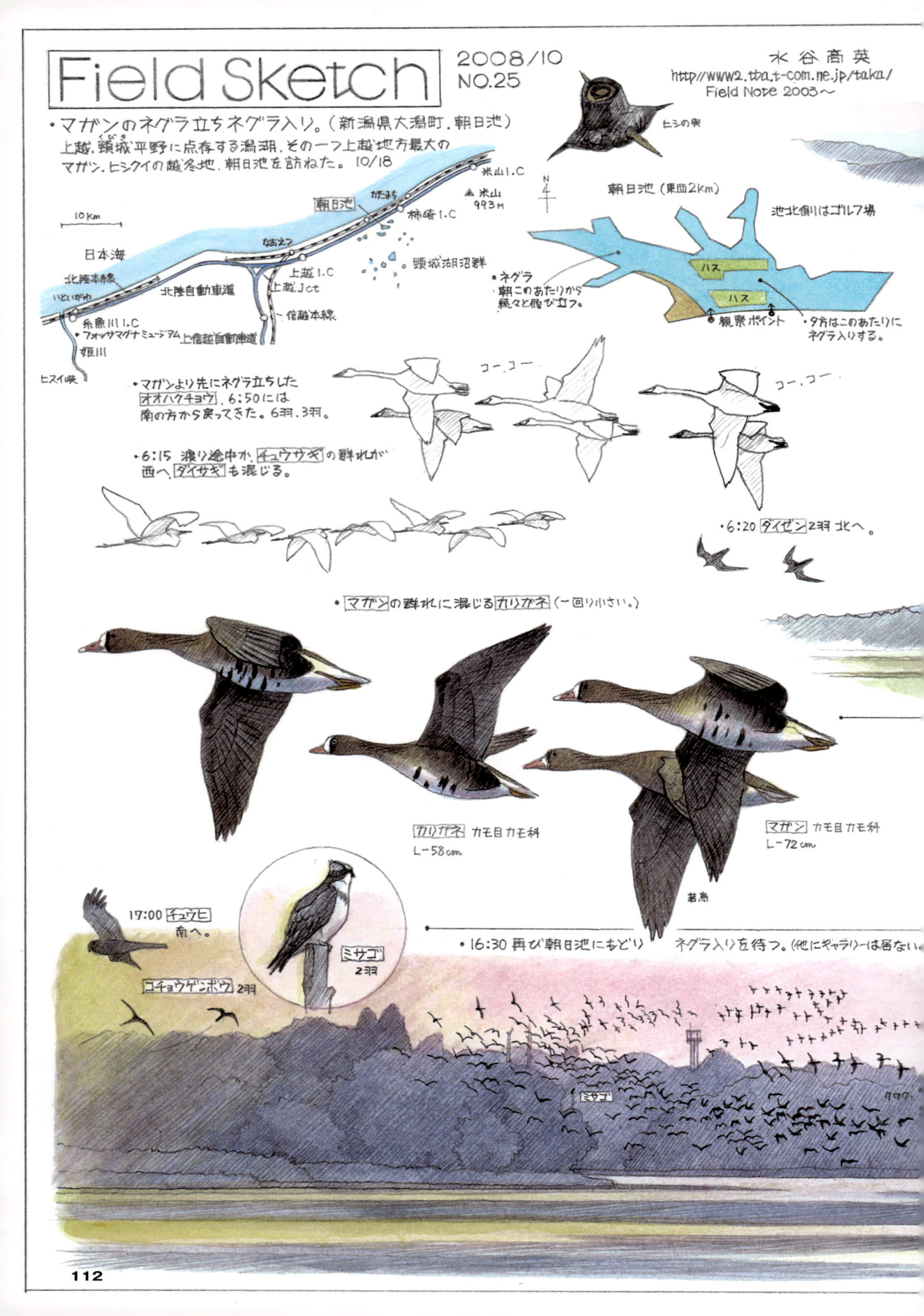

2008/10 NO.25

水谷高英
http://www2.tba.t-com.ne.jp/taka/
Field Note 2003〜

- マガンのネグラ立ちネグラ入り。(新潟県大潟町、朝日池)
上越、頸城平野に点在する潟湖。その一つ上越地方最大の
マガン、ヒシクイの越冬地、朝日池を訪ねた。10/18

ヒシの実

朝日池(東西2km)
池北側はゴルフ場
ハス
ネグラ 朝このあたりから続々と飛び立つ。
観察ポイント
夕方はこのあたりにネグラ入りする。

10km
日本海
北陸本線
いといがわ
糸魚川I.C
フォッサマグナミュージアム
姫川
ヒスイ峡
上信越自動車道
北陸自動車道
上越I.C
上越Jct
信越本線
なおえつ
頸城湖沼群
かきざき
柿崎I.C
朝日池
かどまち
米山I.C
米山 993m

- マガンより先にネグラ立ちした
オオハクチョウ。6:50には
南の方から戻ってきた。6羽、3羽。

コー、コー

- 6:15 渡り途中か、チュウサギの群れが
西へ。ダイサギも混じる。

・6:20 ダイゼン 2羽 北へ。

・マガンの群れに混じるカリガネ(一回り小さい。)

カリガネ カモ目カモ科
L-58cm

マガン カモ目カモ科
L-72cm
若鳥

17:00 チュウヒ
南へ。

ミサゴ 2羽

コチョウゲンボウ 2羽

・16:30 再び朝日池にもどり ネグラ入りを待つ。(他にギャラリーは居ない)

ミサゴ

112

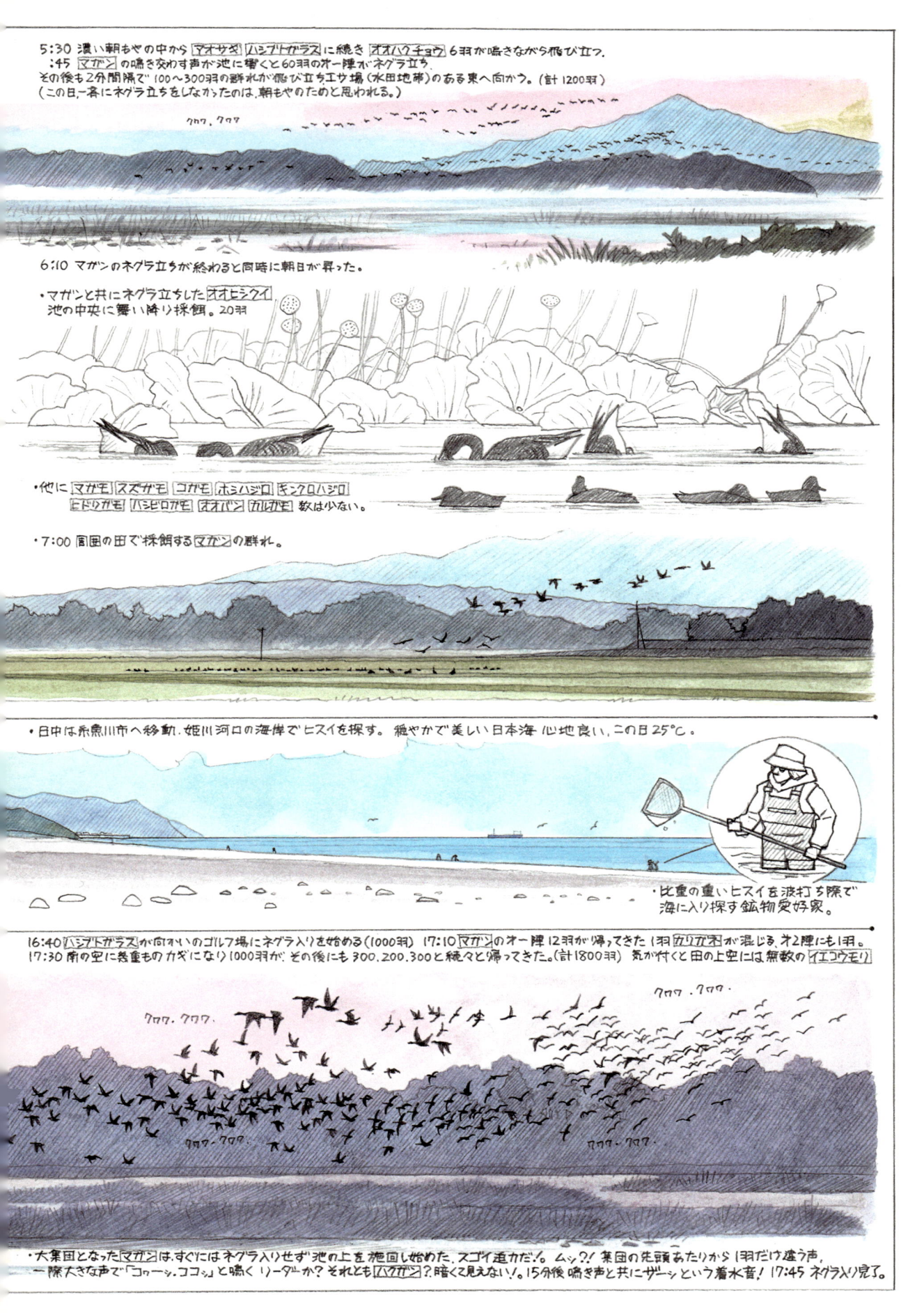

5:30 濃い朝もやの中から アオサギ ハシブトガラス に続き オオハクチョウ 6羽が鳴きながら飛び立つ。
:45 マガン の鳴き交わす声が池に響くと60羽の第一陣がネグラ立ち。
その後も2分間隔で、100～300羽の群れが飛び立ちエサ場（水田地帯）のある東へ向かう。(計1200羽)
(この日、一斉にネグラ立ちをしなかったのは、朝もやのためと思われる。)

6:10 マガンのネグラ立ちが終わると同時に朝日が昇った。
・マガンと共にネグラ立ちした オオヒシクイ 池の中央に舞い降り採餌。20羽
・他に マガモ スズガモ コガモ ホシハジロ キンクロハジロ
　　　 オナガガモ ハシビロガモ オオバン カルガモ 数は少ない。
・7:00 周囲の田で採餌する マガン の群れ。

・日中は糸魚川市へ移動。姫川河口の海岸でヒスイを探す。穏やかで美しい日本海 心地良い。この日25℃。
・比重の重いヒスイを波打ち際で海に入り探す鉱物愛好家。

16:40 ハシブトガラス が向かいのゴルフ場にネグラ入りを始める(1000羽) 17:10 マガン の第一陣 12羽が帰ってきた 1羽 カリガネ が混じる 第2陣にも1羽。
17:30 南の空に巻重ものカゲになり1000羽、その後にも300、200、300と続々と帰ってきた。(計1800羽) 気が付くと田の上空には無数の イエコウモリ

・大集団となった マガン は、すぐにはネグラ入りせず池の上を旋回し始めた。スゴイ迫力だ。ムッ?! 集団の先頭あたりから1羽だけ違う声、
一際大きな声で「コヨーシ、ココシ」と鳴くリーダーか？それとも ハクガン ？ 暗くて見えない!。15分後鳴き声と共にザーッという着水音！ 17:45 ネグラ入り完了。

Field Sketch

2008/11
NO.26

水谷高英
http://www2.tba.t-com.ne.jp/taka/

- 市街地の公園に冬鳥がやって来た。(東京都 清瀬市 金山緑地公園)
  11月18日、カモの飛来状況を観に荒川へ出かけたが、やはり今年も少ない。
  帰り道、いつものように金山緑地公園に寄ることに。以前この公園で アリスイ や キンランチョウ
  など思いがけない鳥との出会いを経験したことで、つい足が向いてしまう。
  しかし、ここ数年 管理上の理由で少し人の手が入ると、それが原因なのか 湿地の鳥の バン
  クイナ タシギ の姿が消えた。ヒドリガモ、アメリカヒドリガモ も見られなくなった。

- 金山緑地公園 ― 東京都と埼玉県の県境を流れる柳瀬川の調整池がある小さな公園。
  渡り鳥の中継地やネグラにもなっている。

  15:00～15:30 公園が西日で淡いオレンジ色に染まり始めると アトリ に続き、次々と鳥たちが現れた。

トキワサンザシ

シメ / ムクドリ / カワラヒワ / キジ / ジョウビタキ / コサギ / ハクセキレイ

- 鳥たちのネグラになっている湿地の中の小さな林。

シメ
ソフトモヒカンのような後頭部。
ツグミ 今秋初見。
カシラダカ
ヒーヨ ヒーヨ
アオジ

- ネグラの林に近づくと
  50羽ほどの アトリ が
  飛び立ったが 茂みの中には
  10羽の アトリ と数羽の
  カシラダカ が気付かれまいと
  じっとしていた。

アトリ L=16cm
スズメ目 アトリ科
冬鳥。

- 南下してきた
  ヒヨドリ のグループなのか、
  20羽ほどが次々と水浴びをし
  大騒ぎ！ この時期あちこちの林で
  ヒヨドリ が騒がしいのは「地付き」対
  「流れ者」の抗争なのか？

114

15:00 公園を一周。鳥の姿も少なく帰ろうとしたその時 60羽の アトリ が上空に現れた。

アトリ
モズ
チョウゲンボウ
キジ♂
カシラダカ

・モズの高鳴きが響く。

オオタカ
アオサギ
スズメ
モズ
ゴイサギ
ツグミ
カワセミ

オナガガモ

カワセミ♂

ホオジロ

・ここを縄張りとするペアは人に慣れていて、アマチュアカメラマンのアイドルになっている。

ハシブトガラス
グワーァ
グワーッ
メジロ
キジバト
コゲラ
シジュウカラ
エナガ
オナガ
アオサギ

マガモ+カルガモ 混雑種♂
巻羽

カルガモ

・何があったのか すごい剣幕で鳴きながら追いかけ回す アオサギ 、その声と飛ぶ姿はまるで恐竜の プテラノドン のようだ！

・この公園では数年前から♂♀数羽が見られる。ちょっとキモチワルイ！

。この後他の公園でも アトリ の群れに遭遇。今年は冬鳥の当り年になるのだろうか…。

Field Sketch

2008/12 NO.27

水谷高英
http://www2.tba.t-com.ne.jp/taka/
Field Note 2003～

・オオタカのハンティング。（埼玉県 所沢市．狭山湖）12/18.19

狭山湖では日常的にオオタカの狩りを観察することが出来る。しかしエモノとなるのがなぜか
知恵者のハシブトガラス、どのような心理戦が展開されるのか興味はつきない。

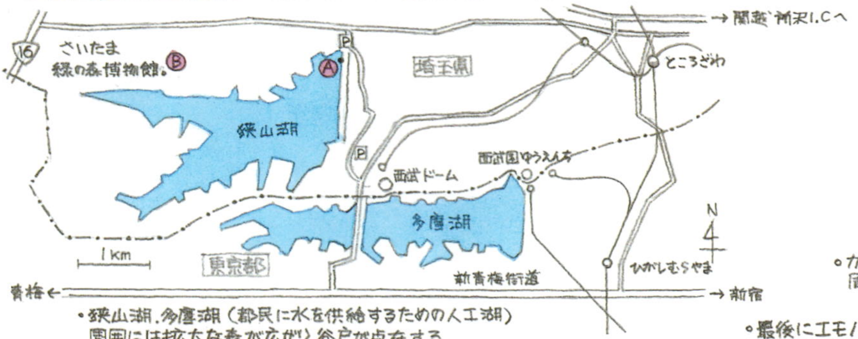

[ツルウメモドキ]

[map of 狭山湖・多摩湖 area, 埼玉県/東京都, with 緑の森博物館, 西武ドーム, 西武園ゆうえんち, ところざわ, ひがしむらやま, 新青梅街道, 圏央 所沢I.C へ, 青梅←, →新宿]

・狭山湖．多摩湖（都民に水を供給するための人工湖）
周囲には広大な森が広がり谷戸が点在する。

・湖で観ることのできた水鳥。

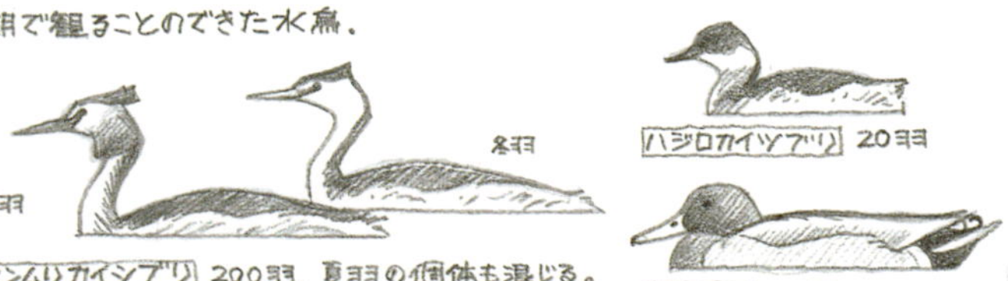

[カンムリカイツブリ] 200羽. 夏羽の個体も混じる。 夏羽／冬羽
[ハジロカイツブリ] 20羽
[マガモ] 500羽

・カラスがおそわれても
周囲の鳥たちに緊張感は無い。

・時折 珍しい鳥が入るので要注意！ 昨年はオオハム、シロエリオオハムを確認。

・翌日．ハンティングの一部始終が観たくて再び訪ねた。

10:00．市街地で食事を終えたカラス達が水浴びに現る。
01．オオタカ ♀成鳥 現る。
12．これから数分間隔でオオタカとハシブトの追いかけ
合いが続くが，意外と緊張感は無い。
13．オオタカ 若鳥．成鳥♂ 現る。
この後も3分に一度のペースで追いかけ合いが続く。

※35．ついにハンティング成功！！（成鳥♀と思われる？）
37．エモノを森へ運び込む。 若鳥1羽現る。 カラスは平常にもどる。
〜 これで この日，成鳥♂1．♀2．若2 [計5羽] となる。
・若鳥と成鳥♂が何度もトライするが失敗。
12:00 観察終了。

・最後にエモノを横取りした♀
アシの茂みへエモノを運び込む。

・エサで素のうが
大きくふくらむ →

・♀は♂より一回り大きく、体も表情も
ふっくらやわらかく見える。体上面に
褐色味がある。

[オオタカ] タカ目 タカ科 L=♂50cm ♀56cm

・一瞬のスキをつき背後に回り，下から脚を伸ばしキャッチ！

※この後 12:30に若鳥がハンティングに成功するが，
あっさりと成♂に♀より横取りされたとか。

・この日地元バーダーKさんを始め皆さんに
詳しい情報を頂き大変勉強になり，感謝！

・捕えたハシブトを浅瀬で次の息の根を止める（3分ほど）
カモなど大型のエモノを捕えた時によく見られる行動

・エモノを森へ運ぶ

Ⓑ帰り道，湖周辺の里山と谷戸を訪ねた。 12:30

[エナガ][シジュウカラ]
[メジロ][コゲラ]の混群

[シロハラ] [ジョウビタキ♂] [アオジ]

116

Ⓐ 狭山湖。水位が下がり湖岸が現れる日は、水浴びに多くのハシブトガラスが集まる。そしてそれを狙って周囲の林にオオタカがやってくる。
12/18 この日13:30に現地に着くとすでに1羽が犠牲となっていた。

・補えたハシブトガラスを湖岸で食べるオオタカ♀。そこへ♂が現れ、あっさりと横取り。

ハシブトガラス

♀

エモノの横取りを狙う♂。

・仲間の安否を気づかい集まったかのように見えるハシブトガラスだが、スキを見てエモノ（共喰い）を狙うものと、ただの野次馬なのだ。この後新たなオオタカ♀が現れ、エモノを持ち去るとカラス達は何事もなかったかのように再び水浴びを始めた。

・少し離れたところから様子を伺う若いカラス。

オオタカ 若 2羽

オオタカ 成

・エモノの横取りを狙って、いつも現れるというオオタカ、この日もエモノを捕えたオオタカを追って森に消えた。

・カビチョウの声が谷戸に響く。

ノスリ
ベニマシコ♂
ツグミ
ルリビタキ♂
カワセミ
ホオジロ
ハシラダカ

この日♂1、♀2羽確認。

・林床ではトラツグミ、暗い林縁にはルリビタキが。

117

Field Sketch 2009/1 No.28

水谷高英
http://www2.tba.t-com.ne.jp/taka/

オオイヌノフグリ

・オープングランドで冬の猛禽を楽しむ。(利根川水系の田園地帯、渡良瀬遊水地)

年末年始、少しのんびりしたくて開けた田園地帯へ車で出かけることに。
風が強く寒い日でも陽が射せば車内は暖かく意外と快適で、鳥もかなり近くで見られ、楽しいのだ。
最近起こされたばかりの田の近くに車を止めしばらく待つと、土の中の虫やミミズを求めて
タヒバリ、ヒバリ、ツグミ、タゲリ が、畔の草木には スズメ、オオジュロ、オオジュリン、オオカワラヒワ
の群れがやってきた。そしてその小鳥たちを狙って コチョウゲンボウ、チョウゲンボウ、ハヤブサ、
ハイタカ、横取りを狙う ノスリ、と次々に現れ、半日があっという間に過ぎてゆく。
そして、真っ赤な夕陽が沈むころ、ネグラに入る チュウヒ が現れた。

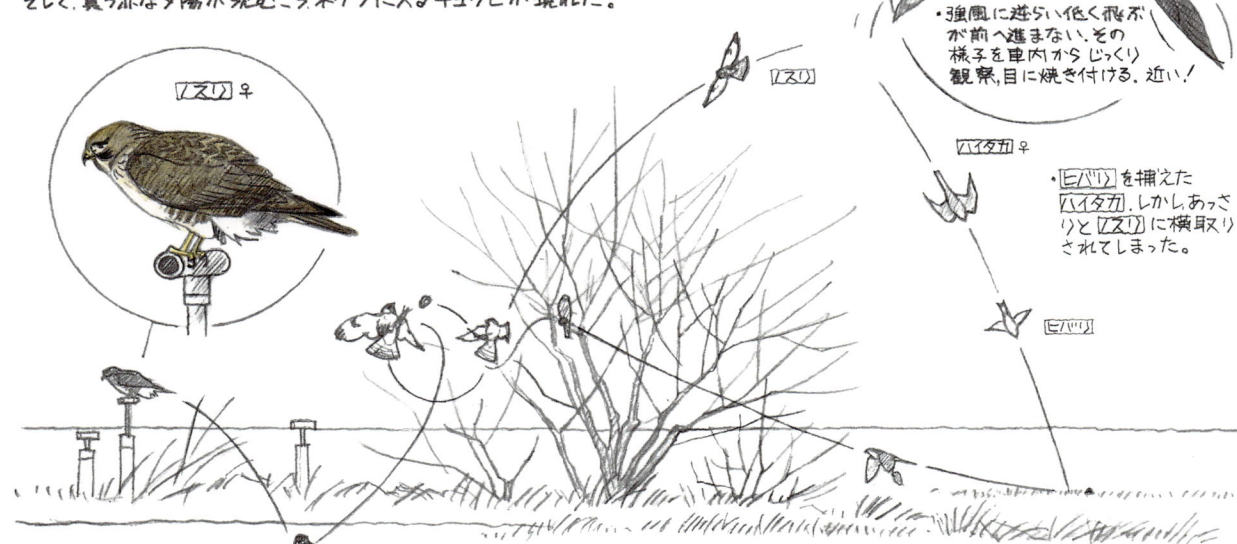

ハイタカ ♀

・強風に逆らい低く飛ぶ
が前へ進まない。その
様子を車内からじっくり
観察、目に焼き付ける。近い！

ノスリ ♀

ハイタカ ♀

・ヒバリ を捕えた
ハイタカ。しかし、あっさ
りと ノスリ に横取り
されてしまった。

ヒバリ

・この冬 出会えた 大陸型 チュウヒ ♂ 2つのタイプ。
(国内での繁殖が確認されたことで、現在は ズグロタイプ と呼ぶとか。)

チュウヒ
タカ目タカ科
L - ♂48cm ♀58cm

・田んぼのネグラに入った
橙褐色が美しい個体。

・渡良瀬遊水地で見た個体。
人気の ハイイロチュウヒ ♂ と
一諸に出てくれた。

・下面はつばさの先端以外は白く、
一見 ハイイロチュウヒ ♂ と見間違えることも。
昨年は背に褐色味のない美しい個体を
見ることができた。

・エモノを持った
コチョウゲンボウ ♂。

・横取りを狙って
ノスリ 現る。

チュウヒ

コガモ

※今回の鳥見で2度もアシ原が燃える
現場に居合わせた。
釣り人の火の不始末や野焼きの火が風に飛ばされたのが
原因だが結果 10数台の消防車、救急車、パトカーが
出動することに。・冬のフィールドではくれぐれも火気に注意を！

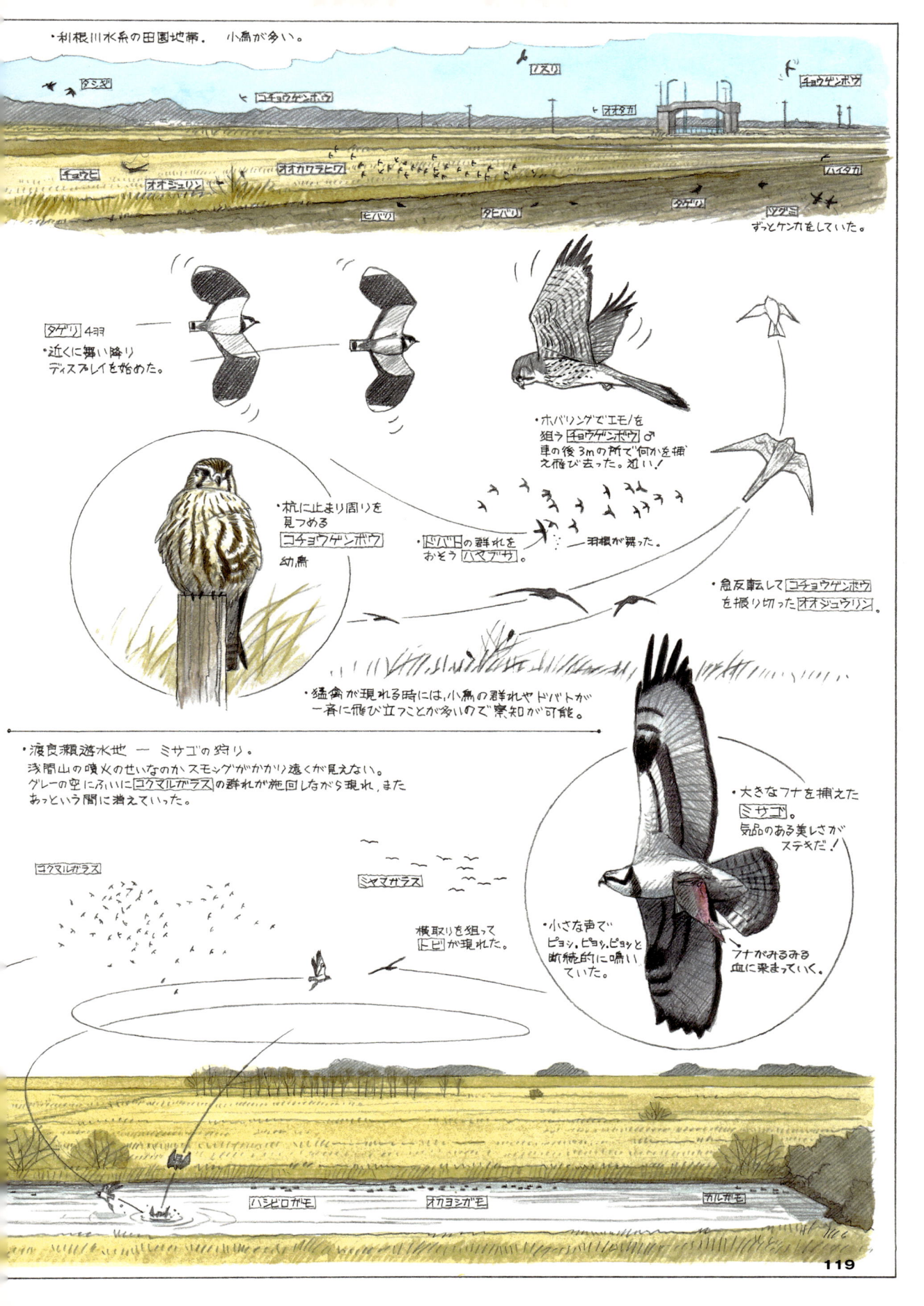

- 利根川水系の田園地帯。小鳥が多い。

[タシギ] [コチョウゲンボウ] [ノスリ] [オオタカ] [チョウゲンボウ]
[チュウヒ] [オオジュリン] [オオカワラヒワ] [ハイイロガン]
[ヒバリ] [タヒバリ] [ムクドリ] [ツグミ]
ずっとケンカをしていた。

[タゲリ] 4ヨ
・近くに舞い降り
ディスプレイを始めた。

・ホバリングでエモノを
狙う [チョウゲンボウ] ♂
草の後3mの所で何かを捕
え飛び去った。速い！

・杭に止まり周りを
見つめる
[コチョウゲンボウ]
幼鳥

・[ドバト]の群れを
おそう [ハヤブサ]。
羽根が舞った。

・急反転して [コチョウゲンボウ]
を振り切った [オオジュリン]。

・猛禽が現れる時には、小鳥の群れやドバトが
一斉に飛び立つことが多いので察知が可能。

・渡良瀬遊水地 ― ミサゴの狩り。
浅間山の噴火のせいなのかスモッグがかかり遠くが見えない。
グレーの空にふいに [コクマルガラス] の群れが旋回しながら現れ、また
あっという間に消えていった。

[コクマルガラス] [ミヤマガラス]

・大きなフナを捕えた
[ミサゴ]。
気品のある美しさが
ステキだ！

横取りを狙って
[トビ] が現れた。

・小さな声で
ピヨッ、ピヨッ、ピヨッと
断続的に鳴い
ていた。

フナがみるみる
血に染まっていく。

[ハシビロガモ] [オカヨシガモ] [カルガモ]

Field Sketch

2006/2 No.29

水谷高英
http://www2.tba.t-com.ne.jp/taka/
Field Note 2003～

アカバナマンサク

- アリスイ・アオシギ・コクマルガラスを観に。(横浜市 舞岡公園, 群馬県 板倉町)
  子供たちも成人し、フィールドへは、もっぱらカミサンと出かけるのだが、いつもは、植物、鉱物、遺物担当のカミサン、2月は感謝も込め、カミサンのリクエストを中心にした鳥見に出かけた。

- 数年前に出会った アリスイ がイメージと違い意外とカワイイことに感動したカミサンは、以来ファンに。
- ここ数年、出会えそうなフィールドに何度も出かけるがいつも空振り、そこで会える確率の高いこの公園を訪ねることに。(普段、メジャーな探鳥地はなるべく避けてきたのだが…)。

湿地の中に立つ杭の周辺で採餌する アリスイ 。

杭(パイプ)にあいた穴をネグラにしている。

- 今回見た アリスイ はふくらんでいたせいか 目が小さく見え少し印象とは違っていた。

- 渡良瀬遊水地の西側、板倉町の田園地帯。2/17
  毎年このエリアで ミヤマガラス コクマルガラス が越冬する。今回、2～300羽の混群を 4～5グループ確認。
  カミサンが若いころ読んだ、コンラート・ローレンツ(動物行動学者)の著書「ソロモンの指環」に コクマルガラス との触れ合いが書かれてあり、以来憧れの鳥になったとか。

ミヤマガラス に混じり採餌する コクマルガラス
淡色型も少数混じる。大きさはハトぐらい。

- コクマルガラス がギャー、キョー、キョーン、と一斉に鳴き交わす。

- 一斉に飛び立った群れは、塊となって上昇していくがよく見ると 1羽1羽は旋回するもの、急上昇急降下をするものと、てんでに行動している。にもかかわらず塊はすごい勢いで移動していく。おそらく ただ騒がしく鳴いているようで複雑にコミュニケーションをとり合っているのだろう。それにしても不思議な魅力にハマりそうな予感!

- 舞岡公園 — 横浜市郊外の住宅地に残された里山、丹念に管理保全された心地の良い公園。2/1 ここ数年 アリスイ アオシギ ヤマシギ が越冬することで知られ、多くのバーダーが訪れる。

ノスリ
メジロ
ムクドリ
アオジ

- キジ コジュケイ の声が響く谷戸田、紅梅白梅も美しい。

- 湿地で採餌する アオシギ 。（初見）

アオシギ
チドリ目シギ科
L=31cm 冬鳥

- フ'ねに体を上下にスウィングさせながら採餌しているが、やはり疲れるのか時折休み目を閉じていた。

- 野性化した タイワンリス が樹皮をはがし食べていた。

- 以前、冬の軽井沢へ会いに出かけ、雪の残る森を二人で彷ったことがある。そんな思い出の鳥がこんなところに…。
- 日没まで待てば ヤマシギ や クシギ も現われると聞いたが、車の渋滞を避け帰ることに。

- 電線に群れる ミヤマガラス コクマルガラス も少数混じる。

ミヤマガラス
ハシボソガラスより小さい

- 群れの中にいても一際目立つ淡色型 コクマルガラス 数が少ないので見つけた時はなぜかウレシイ！双眼鏡で見ると本当に、キレイだ！！

- あっと言う間に次の餌場へと移動していく。

Field Sketch

2009/3 NO.30

水谷高英
http://www2.tba.t-com.ne.jp/taka/

ヒロハアマナ

・キレイな鳥を観に！ （横浜市．県立境川遊水地公園。さいたま市．秋ヶ瀬公園） 3/23
　3月、鳥見の時間を持てないまま自宅から空を見上げる日が続いた。そんな折、メディアで
　オガワコマドリ と キレンジャク の情報が流れた。「どうしても会いたい！」との思いで
　急ぎ時間をつくり、2つの探鳥地を一気に回ることに。

・神奈川県立境川遊水地公園
　8:00 現地に着くと先客が4人。連休明けとはいえ予想より少ないギャラリーに不安がよぎる。
　　　状況を聞こうとバーダーに近づくとなんと「♪鳥くん」だった。
　8:15 アシの茂みから オガワコマドリ 現る。（なかなか姿を見せないと聞いていたので少し力が抜ける。）
　　　15分程じっくり姿を見せた後、再びアシの茂みへと消えていった。（堪能！）
　9:00 早々に切り上げ次の目的地「さいたま市」へ向かう。

・オガワコマドリ　スズメ目ツグミ科
　♂第1回冬羽か。L-15cm
　まれな冬鳥。

尾を振る。

♂成鳥冬羽
来年も来てくれると
こんな羽色に。

アオジ

・胸のオレンジ色とマリンブルーが美しい。

・さかんに泥地を歩き回り、エサの虫を探す オガワコマドリ 。

埼玉県 さいたま市 秋ヶ瀬公園　14:00
　キレンジャク の情報が入ってから、すでに半月。旅立った可能性が高い中訪ねると、やはりヤドリギのあるポイントにバーダー
　の姿はなく、ヤドリギの実もなくなっていた。帰り道、たまたま出会ったバーダーの方に伺うと、他のエリアに ヒレンジャク が
　来ているとのこと、急ぎ移動することに。

・ヒレンジャク キレンジャク ともに
　ヤドリギ の実を求めて棋を移動
　するイメージが強いが、ここでは
　ジャノヒゲ の実を探しながら林床
　を移動していた。（ヒレンジャク 20羽）。
　確認したものすべて若鳥だった。

8mm

ジャノヒゲ の実
（リュウノヒゲ）

キヅタの実を
食べる
ヒレンジャク 。

ジャノヒゲの実を探す。

- オガワコマドリ が越冬する 神奈川県立境川遊水地公園。

ビジターセンター
コイサギ 幼
オオバン
キジ

- 全く警戒心が無い 放鳥されたものか。(狩猟のため)。

バン 冬羽
・じっとたたずむ タシギ。
クイナ 2羽

- 現在も造成中の新しい公園だが、他では数を減らしている クイナ や バン の姿が見られるのは、人が立ち入れないことに加え、ネグラやエサ場となる アシ原 など環境のバランスが良いのだろう。

・森から出てきた群れは ヤナギ の新芽を食べていた。

ヒレンジャク ♂第1回冬羽
・旅立ちを前にたっぷり栄養をとったのか、まんまるにふくらんでいる。いったいいくつの色があるのだろう美しい。

モズ ♂
・他の鳥のさえずりのマネも混じえ複雑にさえずり続ける。

・初列風切の先端に赤い斑。

ヒロハマメナ

キヅタ の実

123

Field Sketch

2009/4
NO.31

水谷高英
http://www2.tba.t-com.ne.jp/taka/
Field Note 2003〜

イチリンソウ

・フクロウの巣立ちを観に。(Ⅱ)　4/28,30（首都圏のとある神社）
　2007年の8月号で一度紹介したことのあるフクロウの巣立ち、今回再度取り上げたのは、あまりにステキで絵になる出会いに感動、その想いを伝えたく描くことに。
　4月28日、友人ご夫妻が偶然見つけられたフクロウが繁殖する神社へ、この日案内して頂いた。　10:00

・フクロウが営巣する老木。

・桜の木にあいた穴に ムササビ の毛が付いている

・山里にひっそり建つ小さな神社。新緑の杜からは オオルリ イカル アオゲラ の声、近くの沢では移動中の コマドリ のささやくような、さえずりが。

・ウロの中からジーッとこちらの様子をうかがう巣立ち間近のヒナ。2羽を確認。親鳥の姿を見つけることはできなかった。

・4月30日、再び神社を訪ねるとすでに ヒナ は巣立っていた。14:00

・営巣木のてっぺんに立つヒナ、ずっと背後の森を気にしている。
 少し離れたところから様子を見ていると、背後の森を大きな影が
 横切ると同時に、チー、チー、と鋭い声が森にひびいた。
 良く観ると、森の中にもう1羽ヒナがいて、つばさをバタバタ
 させ親鳥からネズミをもらっている。(チー、チー、はヒナが親鳥を呼ぶ声)
 一刻も早くヒナを安全な森へ移動させたいのだろうか。
 日中のエサやりは初めて観た。

・昨晩は単立ちの不安で眠れなかったのか、
 ネムそうな顔をしている。上のヒナは末っ子
 なのだろう白くて一回り小さい。
 親鳥が警戒しているので、いったん
 引き上げることに。

・森から複数の ヒビタキ の声。

・夕方再び訪ねると、老木には末っ子だけが残り、兄弟が消えた森の闇を
 じっと見つめていた。その淋しい後姿は野仏のようだった。

・日も落ち、帰ろうとしたら、桜の木の
 穴から ムササビ がひょっこりと
 顔を見せてくれた。

・長い爪が見えている。

Field Sketch

2009/5 NO.32

水谷高英
http://www2.tba.t-com.ne.jp/taka/

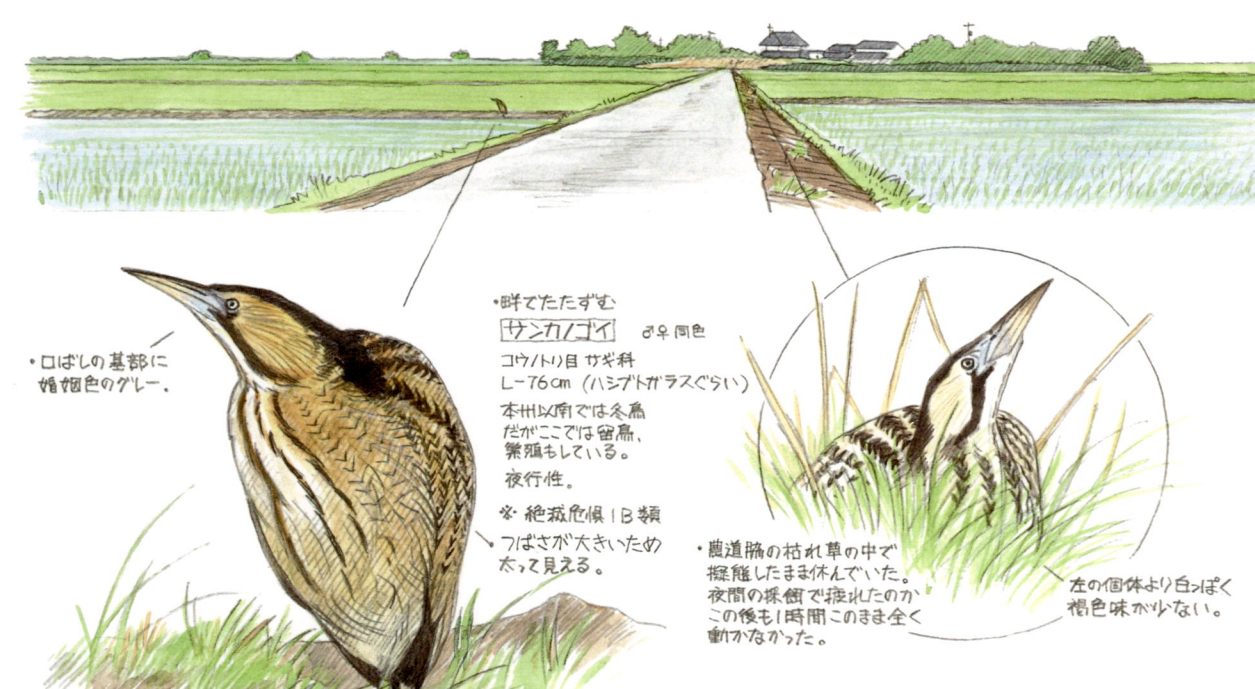

ムラサキツメクサ
ウグイス
コサギ

・やっと出会えたサンカノゴイ。(千葉県)

　4年前から、年に数回訪ねては、その姿を探してきたが、ことごとく外し、今年もすでに2回の空振り。詳しい生態も解らず、行動パターンも読めない。意地もあり、最後の手段として夜明けから日没まで張り付く覚悟で深夜に自宅を発ち現地へ！

・しばらくの間、サンカノゴイの鳴き声がするアシ原の前で出てくるのを待つ。声はアシ原を移動するが、なかなか姿を見せてくれない。いつものパターンに少し不安になる。その時、背後の水田でさかんにキジが鳴く。フィールドスコープを反転させ覗くと、水田の畔に、朝日に照らされ黄金色に輝く鳥が！「出たーっ!!」

・土手から200m程離れているため良く観えない。それで急ぎ30m程まで近づくが、全く動かない。ふと見ると農道をはさみもう1羽発見！ 6:00

・口ばしの基部に婚姻色のグレー。

・畔でたたずむ
サンカノゴイ ♂♀同色
コウノトリ目 サギ科
L=76cm (ハシブトガラスぐらい)
本州以南では冬鳥
だがここでは留鳥、
繁殖もしている。
夜行性。
※絶滅危惧IB類
・羽ばさが大きいため太って見える。

・農道脇の枯れ草の中で擬態したまま休んでいた。夜間の採餌で疲れたのかこの後も1時間このまま全く動かなかった。

・左の個体より白っぽく褐色味がない。

6:10 擬態したまま動かないので、警戒心を解くため再び土手にもどり観ることに。しばらくすると一匹のネコが現われたが、さらに首を天に伸ばし動かない。よほど擬態に自信があるのだろう。しかしその後…。

・畔にいたサンカノゴイは水田に入りじっと、エモノを狙う。5分ほどで見事カエルを捕え、丸のみにした。

トノサマガエルに似るが斑が大きい
短かい
腹に斑がある
トウキョウダルマガエル

・せっかくの擬態もハシブトガラスに見つかる。執拗なイヤガラセに、たまらず重い腰を上げた。

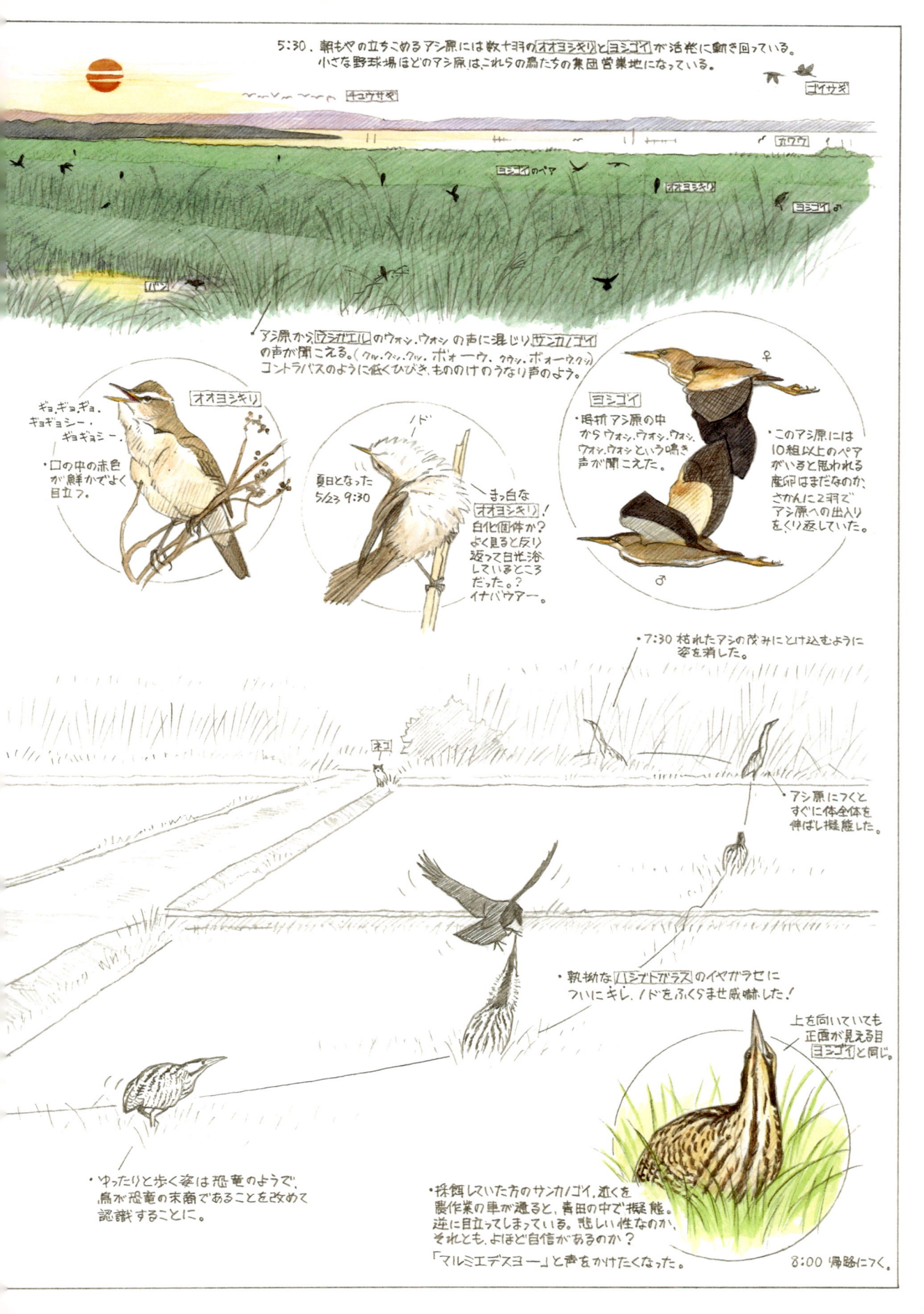

5:30. 朝もやの立ちこめるアシ原には数十羽の オオヨシキリ と ヨシゴイ が活発に動き回っている。
小さな野球場ほどのアシ原は、これらの鳥たちの集団営巣地になっている。

チュウサギ　　ゴイサギ
オオヨシ（？）
ヨシゴイのペア　　アオモズモドキ　　ヨシゴイ

アシ原から クイナガエル のウォシ、ウォシの声に混じり サンカノゴイ の声が聞こえる。（クッ、クッ、クッ、ボォーウ、クウン、ボォーウクン）コントラバスのように低くひびき、もののけのうなり声のよう。

オオヨシキリ
ギョ、ギョギョ、ギョギョシー、ギョギョシー。
・口の中の赤色が鮮やかでよく目立つ。

夏日となった 5/23 9:30
ノド
オオヨシキリ！まっ白な
白化個体か？よく見ると反り返って日光浴しているところだった。？イナバウアー。

ヨシゴイ ♀
・時折アシ原の中からウォシ、ウォシ、ウォシ、ウォシ、ウォシという鳴き声が聞こえた。
・このアシ原には10組以上のペアがいると思われる 産卵はまだなのか、さかんに2羽でアシ原への出入りをくり返していた。
♂

・7:30 枯れたアシの茂みにとけ込むように姿を消した。
ネコ
・アシ原につくとすぐに体全体を伸ばし擬態した。

・執拗な ハシブトガラス のイヤガラセについにキレ、ノドをふくらませ威嚇した！

上を向いていても正面が見える目 ヨシゴイ と同じ。

・ゆったりと歩く姿は恐竜のようで、鳥が恐竜の末裔であることを改めて認識することに。

・採餌していた方の サンカノゴイ、近くを農作業の車が通るが、青田の中で擬態態。逆に目立ってしまっている。悲しい性なのか、それとも、よほど自信があるのか？「マルミエデスヨー」と声をかけたくなった。

8:00 帰路につく。

Field Sketch

2009/6
NO.33

水谷高英
http://www2.tba.t-com.ne.jp/taka/
Field Note 2003～

シラネアオイ

○雪渓にタカが舞う。(新潟県 奥只見 銀山平) 6/7.27
　梅雨の最中、豪雪地帯として知られる魚沼地方にそびえる越後三山、その1つ荒沢岳を望む銀山平を訪ねた。
6/7. 天気予報と違い、トンネルを抜け新潟に入ると雨もよう。奥只見シルバーラインの延々と続く素掘りのトンネルも他に通る車も無く（天気が良ければ尾瀬へ向かう車が通る）。地の底に落ちて行くような不安にかられたころ、やっと出口に着く。するとそこは別天地！キレイな沢と背後に雨雲で山頂が隠れてはいるが雪渓が美しい荒沢岳がそびえる。　6:45

この日、沢では多くの夏鳥や、キレイな花、カエルには出会えたのだが、お目当てのワシタカは悪天候のため姿を見せてはくれなかった。

6/27.日本中が晴れたこの日再び訪ねると青空の下に山と沢の全容が広がっていた。
6:30

6/7. 小雨の中 梢でさえずる オオルリ♂と 森の中へエサを運ぶ♀も。
他に、コマドリ、キビタキ、コルリ、ノジコ、ツツドリ、ホトトギス、アカゲラ、アオジ、オオジシギ、ヒガラ、イワツバメ、ヤマドリ と ヤマアカガエル、モリアオガエルの声。

オオルリ♂

・雪深い地域に咲くと言われるスミレが3種。

キスミレ　オオタチツボスミレ　ミヤマツボスミレ

○中荒沢から荒沢岳を望む。
沢沿いに荒沢岳ふもとまで散策した後、展望のよい場所に戻りワシタカが現れるのを待つ。標高が低い割に残雪が多いことで冬期の雪の多さが想像できる。あまりの心地良さに2時間があっという間に過ぎるが、ワシタカは現れず。9:30

山の向こう側に強い上昇気流があるのだろう うすい笠雲が山頂にかかっている。

ポッポッ ポッポッ
アカゲラ
チョンチョイ ピーピリリ ピン
コッコッコッ コッコッコッ

笠雲　荒沢岳
トビ　ノスリ　イヌワシ
ハチクマ

上昇気流に乗って谷を上る ハチクマ♀

上昇気流のある西側へ移動、すると次々とタカが現れ、最後に、はるか遠く、イヌワシが飛んできてくれた。
10:00

128　　○この場所の詳しい情報は「日本の探鳥地」関東・甲信越・北陸編（文一総合出版）をご参考に。

・魚沼地区の美しい棚田。

・関越トンネルを抜け新潟県に入ると風景が一変。豪雪地帯特有の大きな家が立ち並び、ヨーロッパの山岳地帯の風景のようで美しい。

荒沢岳 (1969M)

キョキョキョ キョッ
ホトトギス

イヌワシが営巣しそうな岩棚。

オシドリ

・水浴びする ニュウナイスズメ の群れ。

イワナ
・特徴の細かい斑点がハッキリと見える。

オシドリ
♀
♂エクリプス
(非生殖羽)
♀より灰色味が強い。

ウスバシロチョウ

8mm
ヒラバッタ
沢の石には体温を上げるためおびただしい数が！

タニウツギ

※沢には多くの ヤマカガシ。
毒ヘビなので要注意！！
(まるい斑のあるヘビには近づかないよう。)

オオカワトンボ

・沢から飛び立った オシドリ 2羽
♂♀は判別できなかった。
この時期♀は子育て。子育てにかかわらない♂はエクリプスとなり、♂だけの群れをつくるとか。しかし子育てをしないのに地味になって保育する♂。オシドリ夫婦とは？！

Field Sketch

2009/7 NO.34

水谷高英
http://www2.tba.t-com.ne.jp/taka/
Field Note 2003～.

- 休耕田で子育てをするバン。 (7/25 埼玉県さいたま市, 7/26 千葉県印旛郡)

7月、長梅雨のため、1ヶ月近く鳥見に出かけられない日が続いた。自宅前では巣立ちヒナと、心配する親鳥の声がひびく。ハシボソガラスは強風の中でアクロバティックな飛行技術を子に伝授している。そんな様子を見ているのも楽しいが、やはりフィールドが恋しい。7月最後の土、日やっと天候が回復、タマシギを求め、いざフィールドへ！

オモダカ

U字溝にはまっていた クサガメ 救出

クサガメはなつきやすくてカワイイ。以前飼っていたカメはすごい早さで私の後をついて回った。

- 休耕田のアシに囲われた小さな池では バン の親子が。以前このエリアで タマシギ を見たことがある。

ガマの株につくられた巣。親鳥がさかんに周りの葉を折り込んで巣を整えている。時折ヒナの頭が見えた。

ギンヤンマ

休息場　幼鳥　幼鳥　休息場　ヒナ　巣

親鳥が巣から離れた後、しばらくして意を決して巣から転び出た。巣立ちか!?

ヒナ　ヒナ

- 失態！
今回、バン の幼鳥が現れた時、思い込みから オオバン 幼鳥と判断してしまった。にわか雨の中茂みの中の幼鳥をじっくり観察し「下尾筒の脇が白かった」と教えてくれたカミサンに感謝！

- いろいろな疑問を抱え帰宅、すぐに資料で バン の生態について調べると知らないことが続々と…

- バン は春から夏にかけ1～2回繁殖。2回の時は、最初の子は縄張りにそのまま残り、時にはヘルパーとして、後に生まれたヒナの世話をすることもあるとか。

- 資料によると、同じ仲間への托卵（カッコウのように産み放しではなく抱卵、子育ても手伝うとか。） ・ヒナは孵化後2～3日で巣立ち、以後は巣より簡易に作られた休息場がネグラとなるとか。まさに上の絵の状態。

7/26 晴れ。この日は千葉県の印旛沼から手賀沼にかけて、休耕田、ハス田を廻り タマシギ を探すことに。
しかし、このエリアには休耕田は無く、ハス田を重点的に探す。途中、サンカノゴイ 繁殖地に寄ってみると…（今年8月号で紹介した場所）

ヨシゴイ　カワウ

エサを運んだり、ヒナのフンを運び出したりと ひんぱんに水田に通う オオヨシキリ

7:40 正面のアシ原から サンカノゴイ が飛び立った！　この中にヒナが。

・広大な田園地帯のところどころにアシの茂った休耕田が。そこは野鳥たちの貴重な繁殖地。そっと覗いてみると・・・。(7/25. さいたま市)

|モズ|の親子

・3年前|シロハラクイナ|が子育てをした場所だがすっかり様子が変わっている。

・幼鳥が似ている仲間の識別。

|オオバン| L=36〜39cm　　|バン| L=30〜38cm　　|シロハラクイナ| L=28〜33cm

ヒナ　　ハゲ頭　　ヒナ　　ハゲ頭　　ヒナ

肉色　　　　　　・大きくなるにつれ
　　　　　　　　　くちばしの赤味は消える。
幼鳥　　　　　　幼鳥　　　　　　　　幼鳥

　　　　　　　|オオバン|幼に比べ
　　　　　　　全体に淡い褐色。

　　　　　　　顔つきがよく似ているが
　　　　　　　バンには脇に白斑がある。

小さな額板　　　　　　　　　　　　　　　　脚が長い。
若鳥

成鳥　　　　　　成鳥　　　　　　　　成鳥

　　　　　　　・下尾筒の
　　　　　　　両側が白い。
・足の指には
　水かきがある。

・遠くに|サンカノゴイ|などの繁殖に　　　　　・結局この日は手賀沼周辺でも
影響が心配される成田新高速鉄道　　　　　　|タマシギ||ヨシゴイ|に出会えず
の工事現場が見える。　　　　　　　　　　　35℃の暑さの中湖畔でハスの
　　　　　　　　　　　　　　　　　　　　　花を楽しみながら昼食をとり
　　　　　　　　　　　　　　　　　　　　　帰途についた。11:30

・飛び立った|サンカノゴイ|は頭上
を通りエサ場の水田へと向かう。
ヒナへの給餌が始まると日中
からさかんに飛ぶようになる。

|ゴイサギ|若鳥

・1時間ほどすると エサ場
から戻ってきた。一度にどの
くらいのエサを運ぶのだろう?

|オオヨシキリ|

|ヨシゴイ|もさかんに水田でエサをとり
ヒナに運んでいた。

Field Sketch

2009/8 NO.35

水谷高英
http://www2.tba.t-com.ne.jp/taka/
Fied Note 2003〜

ハス

・シギチ、渡りの中継地、休耕田。（茨城県） 8/8.12

前号では水鳥などの繁殖地としての休耕田を紹介したが、今回は タマシギ 探しも兼ね、シギチの秋の渡りを観るため、利根川北側の広大な水田地帯を訪ねた。延々と続く水田地帯を利根川の堤防沿いの道を車で走り、休耕田を探すが、一時期、国の減反政策で増えた休耕田が見つけられない。そこへたまたま友人から霞ヶ浦周辺の水田、ハス田で ツバメチドリ、内陸シギ が昨日観られた、との報が入り、一気に下り現地へ。 8/8

冬羽の アマサギ 一部に夏羽の残る個体も。

・取り入れの終った ハス田には多くの水鳥が集まる。緑のウキクサにおおわれた美しいハス田には タカブシギ、イソシギ、コサギ、チュウサギ、ダイサギ がいた。

・このハス田には セイタカシギ 2羽。

・タカブシギ L=20cm

成鳥

幼鳥

132

- 霞ヶ浦、南東部 桜川村の休耕田、水が張られた田には アマサギ、乾いた田には コチドリ が群れていた。(田3枚が休耕田) ← アオアシシギ

アマサギ
コサギ
コチドリ
ムクドリ
ハクセキレイ

・昨日までいた ツバメチドリ には会えず、ハス田へ移動。

コチドリ 幼
成鳥に混じり、幼鳥の姿も。

・赤く枯れたウキクサが美しいこのハス田には タカブシギ 20羽 (幼鳥も混じる)、ヒバリシギ 幼1羽、キアシシギ 1羽、上空を アオアシシギ 3羽。

・8/12 再び同じコースを訪ねたが、前回と同じ状況。帰り道、昨年8月に コアオアシシギ、ユキアシシギ が観察された利根町の休耕田に寄ってみると、

・となりの休耕田には多くのサギ
・暑さを避け草陰で休む タマシギ のペア

・昨年 コアオアシシギ などが見られた休耕田から少し離れた 田6枚の休耕田の一角に数人のバーダーの姿、伺うと タマシギ のペアがいるとのこと、数分待つと、先ず♂が現れ続いて♀も現れた。♀の方が少し活発に動くが、この日は暑く、しばらくすると草陰で休み動かなくなる。私も熱中症の危険を感じ、早々に引き上げることに。

・広い田園地帯でシギチがいそうな休耕田を見つけるには、まずサギの群れを探そう。

ウルトラマン?
・正面から見ると、かなり変顔

Field Sketch

2009/9 No.36

水谷高英
http://www2.tba.t-com.ne.jp/taka
Field Note 2003～

ミヤギノハギ

・タカの渡りが見えない!?　（東京都・多摩）9/14～10/4

・年々、タカの渡る高度が高くなってはいたのだが、今年、とうとう肉眼で見ることの出来る限界、1000m前後の高度で渡るサシバが95%になってしまった。10年ほど前は丘陵地にある湖や沢にそって昇る上昇気流に乗って眼前にわいて出て、頭上数10mを流れてくれた。それが双眼鏡でなければ見つけられない高さになり、ビギナーの方には楽しめない状況になってしまった。

　要因として、都心部の気温の上昇が考えられる。都市熱が強い上昇気流を生み、都心を通過するサシバの高度を上げたのでは・・・。近年、東京湾に面して高層マンションが立ち並び湾からの海風を遮断したため気温が上昇、夏には都心上空に高く積乱雲が立ち、ゲリラ豪雨をもたらすようになった。渡りの変化と時を同じにして。

ショウドウツバメ
オオタカ
ママツバメ
ハリオアマツバメ
エゾビタキ
池袋

← 北

・鉄塔に止まったチゴハヤブサ♀。この後、飛びながらアキアカネを追っていた。9/23

・ここでは珍しいショウドウツバメの群れ。9/17 一見イワツバメに似るが腰は白くない。

・近くを飛んだサシバ。地元バーダーのYさんが口笛を吹くと近くに来て仲間を探すように頭上を旋回してくれた。スゴイ！

ピックイー

・子供のころからここを遊び場にしていたYさん、以前春の渡りの時に口笛でサンコウチョウを呼び、ギャラリーの周りを旋回させてくれ、皆を感動させた達人！

・ミズキの実に群れるコサメビタキとエゾビタキ。コゲラやアオゲラもやってきた。9/24、25
他に、ムクノキの実にも集まる。

・飛んでるアキアカネを捕えたエゾビタキ。腹部をくわえているが、どのようにして食べるのか、じっくり観ることに。9/27

・2分ほどかけてくわえた場所を羽根の付け根まで移動。

・5分かけ頭部をくわえたトンボはすでに動かない。

・そして一気に飲み込んだ。

・サシバの繁殖地、千葉県、茨城県のある東方を望む。

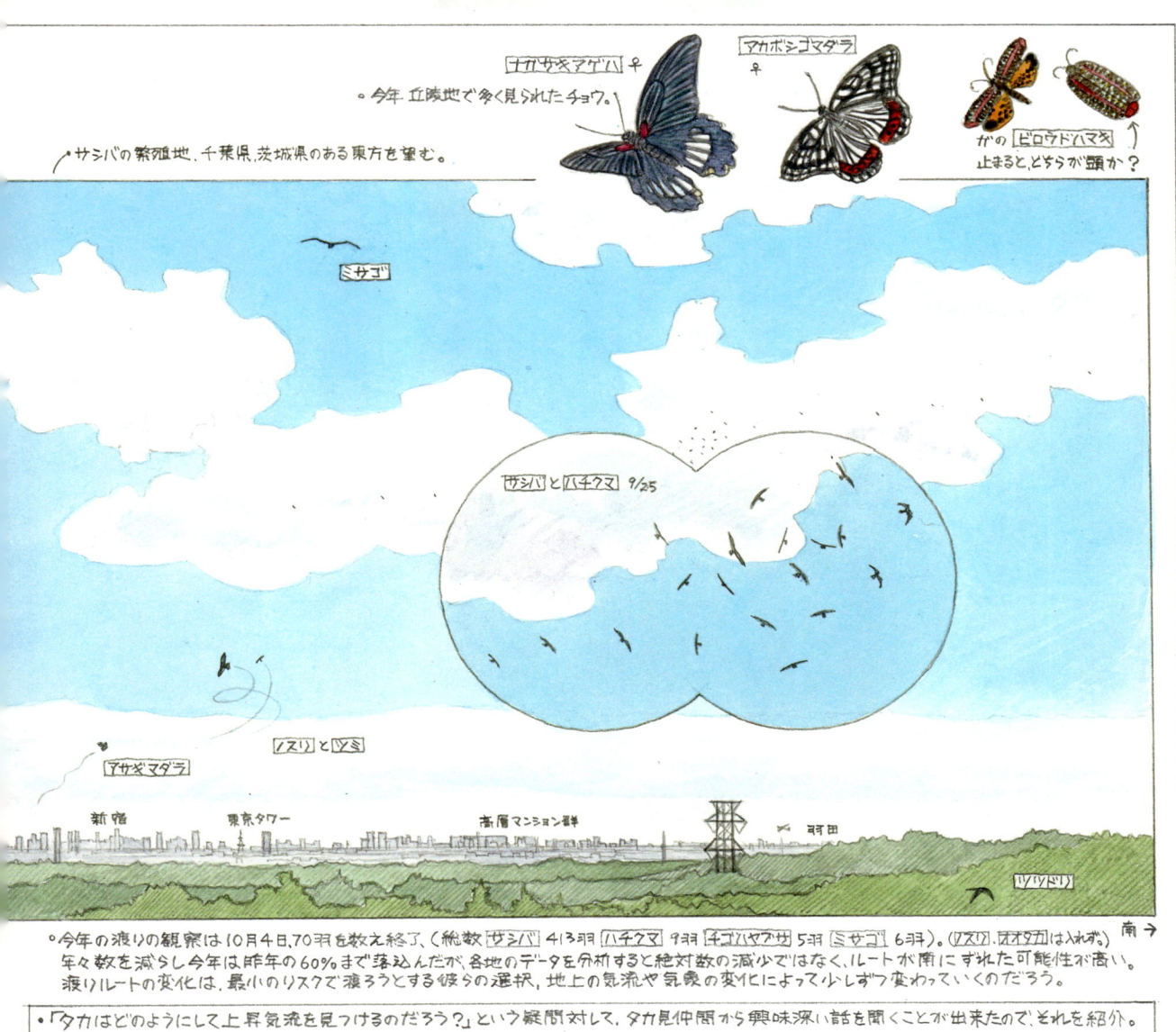

・今年、丘陵地で多く見られたチョウ。
[ナガサキアゲハ]♀
[アカボシゴマダラ]♀
が [ビロウドハマキ]
止まると、どちらが頭か？

[ミサゴ]
[サシバとハチクマ] 9/25
[アサギマダラ]
[ノスリとツミ]
新宿　東京タワー　高層マンション群　羽田　[ツグミ]
南→

○今年の渡りの観察は10月4日、70羽を数え終了。(総数 [サシバ]413羽 [ハチクマ]9羽 [チゴハヤブサ]5羽 [ミサゴ]6羽)。([ノスリ]、[オオタカ]は入れず)。
年々数を減らし今年は昨年の60%まで落込んだが、各地のデータを分析すると絶対数の減少ではなく、ルートが南にずれた可能性が高い。
渡りルートの変化は、最小のリスクで渡ろうとする彼らの選択、地上の気流や気象の変化によって少しずつ変わっていくのだろう。

・「タカはどのようにして上昇気流を見つけるのだろう？」という疑問に対して、タカ見仲間から興味深い話を聞くことが出来たので、それを紹介。

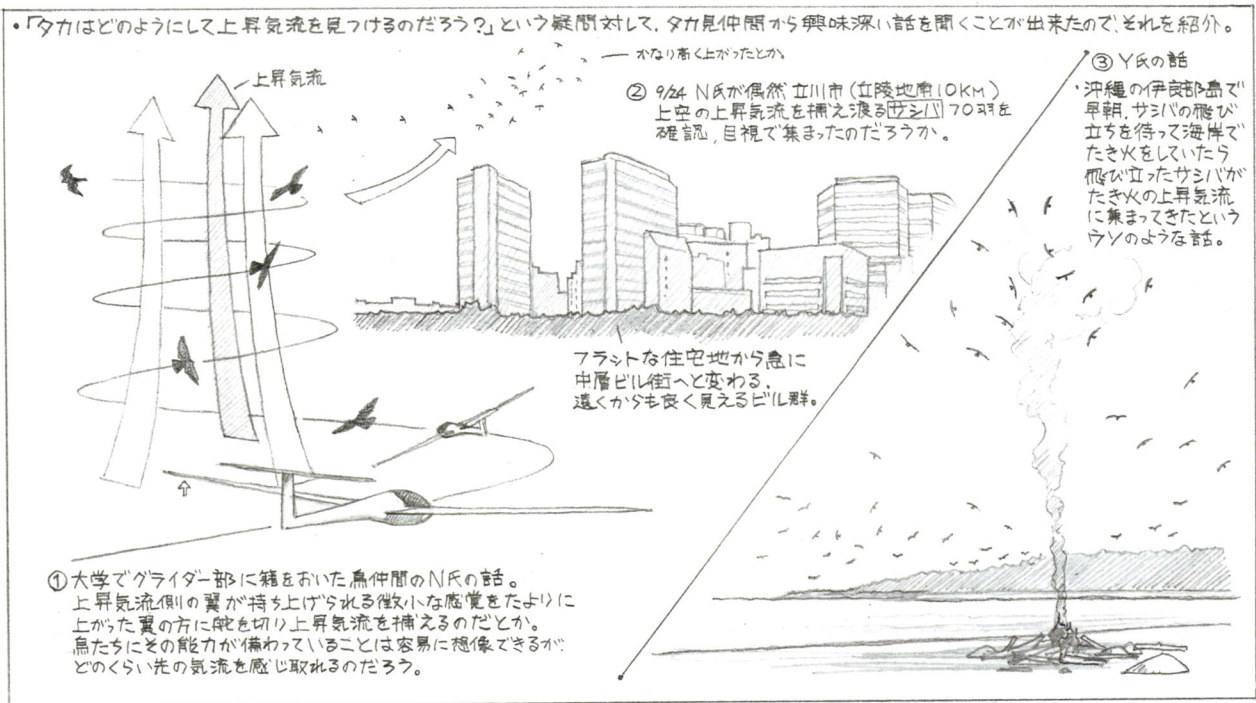

上昇気流
かなり高く上がったとか
② 9/24 N氏が偶然、立川市(丘陵地南10KM)上空の上昇気流を捕え渡るサシバ70羽を確認。目視で集まったのだろうか。

③ Y氏の話。
・沖縄の伊良部島で早朝、サシバの飛び立ちを待って海岸でたき火をしていたら飛び立ったサシバがたき火の上昇気流に集まってきたというウソのような話。

フラットな住宅地から急に中層ビル街へと変わる。遠くからも良く見えるビル群。

① 大学でグライダー部に籍をおいた鳥仲間のN氏の話。
上昇気流側の翼が持ち上げられる微小な感覚をたよりに上がった翼の方に舵を切り上昇気流を捕えるのだとか。鳥たちにその能力が備わっていることは容易に想像できるが、どのくらい先の気流を感じ取れるのだろう。

Field Sketch

2009/10 NO.37

水谷高英
http://www2.tba.t-com.ne.jp/taka/
Field Note 2003〜

イモガイの仲間

・南房総．白浜 ― クロサギ （千葉県） 10/24

ジョウビタキの初鳴きを聞いた翌日のこの日、まだ訪れたことのない南房総を目指す。目的は首都圏の冬鳥(海鳥を除く)でまだ出会えぬ3種（クロサギ、ツリスガラ、イスカ）の内のクロサギ。早朝、房総半島最南端、安房白浜、野島崎を訪ねた。

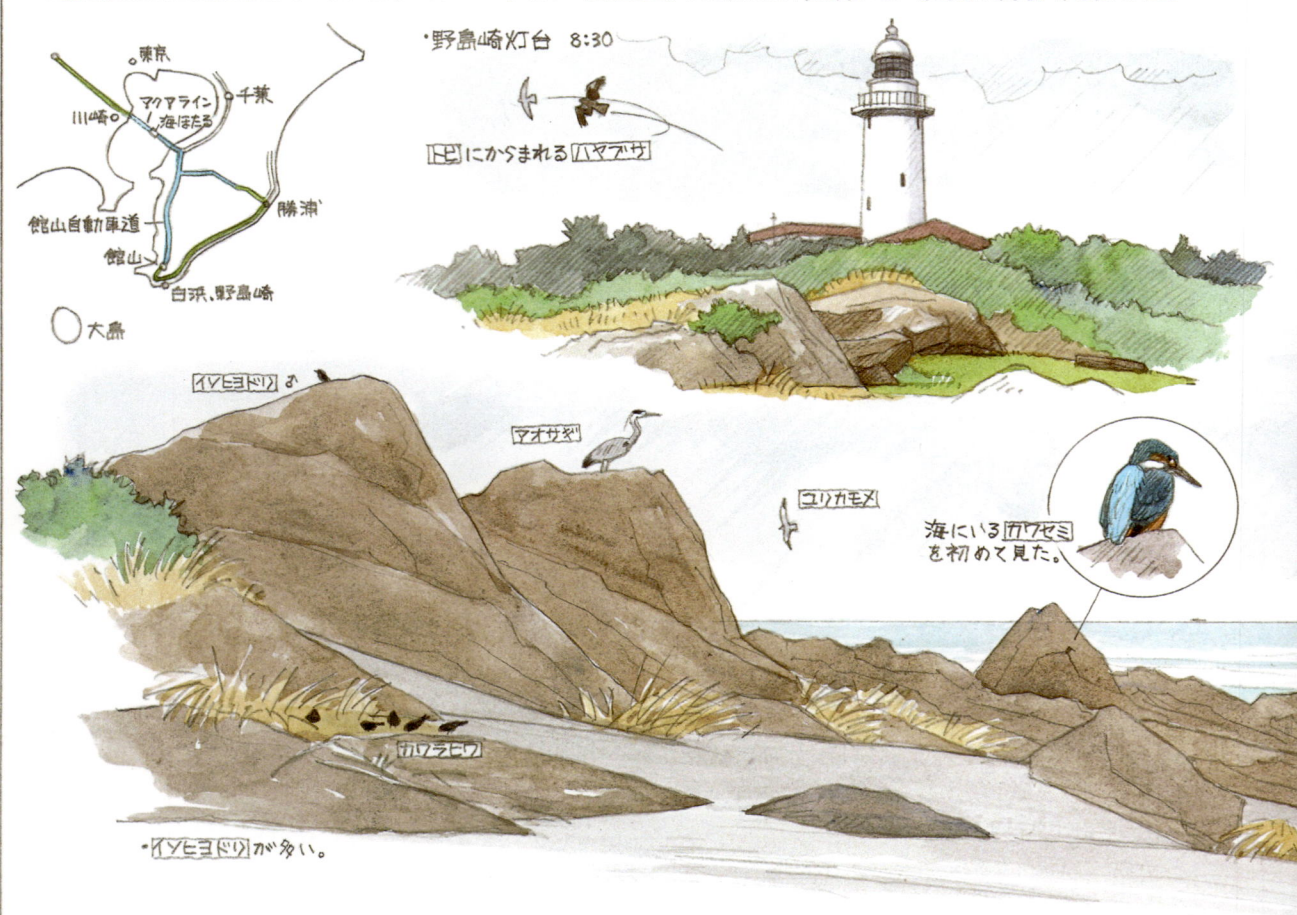

・野島崎灯台 8:30

トビにからまれるハヤブサ

イソヒヨドリ♂
アオサギ
ユリカモメ
ハクセキレイ

海にいるカワセミを初めて見た。

・イソヒヨドリが多い。

・海岸で見つけたもの。

タカラガイの仲間
ツタノハガイ
ギサゴ
メダカラガイ

マルバアキグミ

シャリンバイ
・奄美では大島紬の染料に使われている。

・海岸沿いの道路で車と並走して飛んでくれたミサゴ ダイビングを3度も見せてくれた。

・一瞬 エモノを捕えたように見えたが、それは太くて大きな足だった。

- 東京湾アクアライン、海ほたるPAより房総方面を望む。6:40

ハクセキレイ
ウミネコ
ハシブトガラス

・天気予報はハズレ朝からくもっているが通行料金値下げのせいか交通量は多い。
1mまで近づいても逃げない。

・白浜、野島崎の海岸。南房総の太平洋側は岩礁が延々と続く。

ハクセキレイに追われるケリ
ウミネコ
ウミウ
オオミズナギドリ
クロサギ
イソシギを追うイソヒヨドリ
イソヒヨドリ♀

10:00 雨も降りだし、帰ろうとした時、やっと姿を見せてくれたクロサギ。

・岩場でじっとしてエモノを狙う姿は岩に溶け込み見つけにくい。この日2羽確認。

クロサギ 黒色型
コウノトリ目サギ科 L=58cm
・大きさはコサギぐらい
くちばしと足は褐色、緑褐色、黄色と個体差があり、指は黄色。

・コサギに比べ足が短かくゴイサギの動きに似ている

・南西諸島で見られるタイプ。
白色型　中間型

・余談。宮沢賢治の童話で昔話を元にした「林の底」という話。昔鳥は皆白一色で、いろいろと不都合が多く、考えた鳥たちはトビの染物屋にそれぞれ好きな色に染めてもらうのだが、最後に残ったのはカラスとサギとハクチョウ。ところが横着なトビはカラスの「いきな友禅模様にしておくれ」の要望にへそを曲げ墨つぼに投げ入れしまうと怒りをかい自らも墨つぼに投げ入れられ、焦く染まりいまの模様になったという。

コサギ
ハクチョウ
クロサギ 中間型
クロサギ

・クロサギを見てこんなことを考えてしまった。

Field Sketch

2009/11 NO.38

水谷高英
http://www2.tba.t-com.ne.jp/taka/
Field Note 2003～

・キクイタダキに会いに。（東京都 檜原村．都民の森）11/25

11月の末になっても自宅周辺や公園で、ジョウビタキ以外の冬鳥の姿がない。今年の冬鳥の状況と大好きなキクイタダキを観るために奥多摩を訪ねた。

テンナンショウの仲間

Ⓐエサが与えられている森林館の橋に立つと、どこからともなく ヤマガラ ・ヒガラ ・ゴジュウカラ が集まってきた。

都民の森 森林館（ビジターセンター）

真先にエサ場にやって来た ヤマガラ 。

興味がない風を装いながらも先回りする ゴジュウカラ 。

Ⓑあいにくエサになるものを持っておらずそのまま通り抜けたのだが、鳥たちは30mほど後を追ってきて、時折パオシと羽音が聞こえるくらい近くを飛び催促をしてきた。

・この日は早朝に雨も上がり下界は快晴。しかし山は標高1000mを越えたあたりから霧におおわれ、森は無彩色な水墨画の世界。人もいない。

Ⓕ里山休憩小屋。レンジャーの方に教えて頂いたポイント。腰をおろし静かに待つと、足元の沢のワサビ田に キセキレイ ・ミソサザイ がやってきてくれた。以前には ヤマドリ が現れたことも。

下ヤブから飛び出してきた クロジ ♂。

・静かだ･･･。霧がどんどん濃くなってきた。 キクイタダキ は姿を見せてくれなかったが、レンジャーの方の情報通り、山の方から、かすかに クロジ の声が聞こえる。少し登ってみると、直ぐに姿を見せてくれた。

・結局、この日 ジョウビタキ 以外の冬鳥に、出会うことはなかった。

○大滝の路（標高1100m）

モミ
ヒノキ
キクイタダキ
ヒガラ

キクイタダキ L=10cm
スズメ目 ウグイス科
菊戴
♂
♀

・黄色の頭頂部が菊の花のようにみえることからこの名が付いたのであって、「木喰い叩き」ではありません。

ウッドチップと落ち葉が足にやさしい。

Ⓒ 霧に包まれた大滝の道。途中にある大きなモミの木は、かなりの確率でキクイタダキを観ることのできるポイント。この日も5分ほど待つといつものように山側のヒノキの杯から道を横切りモミの木にやって来た。逆光でも大雨覆の太い白帯と頭頂の黄色が目立つ。

ジェージェー
カケス

○三頭大滝

ムササビの巣穴、ツメ跡が見える。

Ⓓ 一瞬霧が晴れ周りが明るくなるとケヤキの巨木の穴からアオゲラが顔を出し、周囲のようすを伺うとゆっくりと姿を現した。

Ⓔ 再び深い霧が山をおおい大滝は白い流れだけが見える。その時ルリビタキのさえずりが滝に響いた。この時期、さえずりを聞くのは初めてで、少しとまどったが夏の高山に居るようで心地が良い。スコープで見ると一見成鳥♂と見間違いそうな若鳥♂だった。

ピチュチョリ チュリリ
ルリビタキ♂ 第一回冬羽
しかしその特徴である小雨覆のブルーは不明りょう。
オレンジ色も淡く千のよう。
ブルーは濃い。

Field Sketch

2009/12 No.39

水谷高英
http://www2.tba.t-com.ne.jp/taka/

- 雪の八ヶ岳山麓 （山梨県） 12/7
  まだ見ぬ イスカ ネットで探すと '08/11〜'09/2 にかけて八ヶ岳山麓での観察記録があった。この冬の情報は無いが、雪が深くなる前にと、この日急ぎ訪ねることに。

- ネットでは場所等の詳しい情報は得られないので、現地でイスカが餌とするカラマツやアカマツの球果の多い木を重点的に探すことに。しかし現地は数日前の雪が残り、幹線道路と公共施設以外は除雪されておらず、車では危険なため、めぼしい所に車を止め歩いて森に入ることに。

- なかなか球果（まつぼっくり）の付いたカラマツが見つけられず、30分ほど歩いて、やっと、びっしりと球果の付いた3本のカラマツの木に出会うことが。そして狙いどおり木にはたくさんの鳥の気配！当たりか!?

ハタリ の奥、ツグミが群れていた。

アカゲラ
アトリ の群れ
シメ
カラ の混群
ツグミ
カシラダカ

12:00 八ヶ岳に向かい少し標高の高い場所へ移動、車を止め森に入ると開けた場所に出た。すると直ぐ正面のモミの若木に白っぽい塊、イスカ？かと思い近づくと、ゆっくり振り返ったのは…「フクロウだ！」

10:30. 現地、清里高原より八ヶ岳を望む。

クマタカ

・この日は快晴！空気が澄んで八ヶ岳がクリアに見え過ぎ距離感に狂いが。山麓には広大なカラマツの森。

・時折小さな声でチュユーンと鳴く。

・球果をいっぱい付けたカラマツの木には40羽ほどのアトリが群れていた。他の木にはカワラヒワの群れも。しかしイスカの姿はない！

・アカマツにはコガラの小群、しばらくするとエナガ・ヤマガラ・ヒガラ・シジュウカラの混群もやってきた。

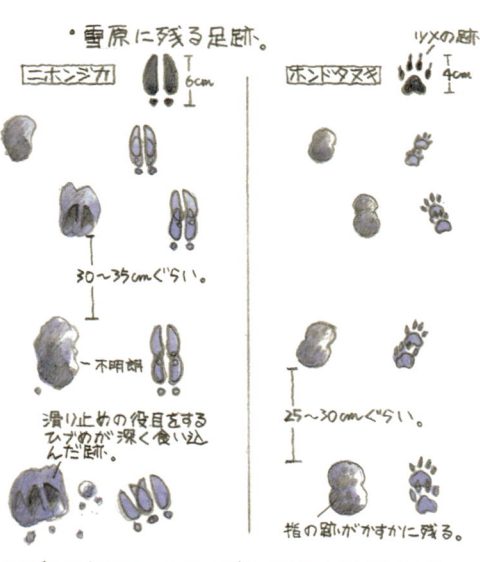

・私に驚き森へ飛んだフクロウ スコープで覗くと、じっとこちらを見ている。5分ほど動かないでいると向こうを向いたので、そっと近づいたのだが再び森の奥へ飛び去ってしまった。警戒距離40m。

・雪原に残る足跡。

ニホンジカ　T 6cm
ホンドタヌキ　ツメの跡 T 4cm

30〜35cmぐらい。

一不明瞭

滑り止めの役目をするひづめが深く食い込んだ跡。

25〜30cmぐらい。

指の跡がかすかに残る。

・2種とも後ろ足が前足の跡をなぞるように歩くため足跡が重なり不明瞭になってしまう。
　他にウサギの足跡も。

・開けた場所を見渡せるモミの木にいたことや、直ぐに遠くへ飛び立たなかった事を考えると、この場所は彼の大事な狩場では…と考え早々に立ち去ることに。しかし後で気付いたのだが、雪原を丹念に探せば雪の上に狩りの痕跡を見つけられたのではという身勝手な思いがよぎった。14:00. 日が傾くと一気に気温が下がり、この日はイスカを諦め帰途についた。

Field Sketch 2010/1 NO.40

水谷高英
http://www2.tba.t-com.ne.jp/taka/
Field Note 2003〜

・冬のアシ原 — ケアシノスリ。(栃木県、渡良瀬遊水地) 1/19.21.2/3.
　友人からケアシノスリの情報が入り、急ぎ出かけることに。しかし友人が出会ったポイントで待つも空振り。2日後、1日張り付き作戦決行！しかしケアシノスリ以外の11種の猛禽には出会えたものの、この日も空振り。10日後、別の鳥仲間から新しい情報が入る。どうも私が張り付いたポイントの背後のエリアで出ていたようで、想定外の情報に少し落胆するも、再びトライ！結果は！？

ニホンイタチ

ホンドタヌキ
・突然車の前にとび出し、背中の毛を逆立てアシ原に消えた。

・渡良瀬の帰りに立ち寄った利根川河川敷。1/19 13:30〜16:30
　ケアシノスリの情報もあり寄ったのだが、コミミズク狙いのカメラマンが20人。コミミズクが現れる時間が近づくと、どこからともなくノスリが集まってきた。横取りを狙っているのか自らは狩りをしない。15:30千羽のコミミズクが現れ、日没までには計5羽となった。

魚を捕えたミサゴ

ノスリ

ハイイロチュウヒ♀

・進行方向にパシッと翼を広げ急ブレーキをかけ、回転しながらねじ込むように降りる。

ハタネズミを捕えたチョウゲンボウ♀。

・ハイイロチュウヒの狩り。
　少し開けた所をエモノの出す音を探りながら低く飛ぶ。コミミズクとそっくりな行動パターン。

ハタネズミ

フクロウのような顔盤。

・2/3、3度目のトライで、やっと出会えたケアシノスリ。
　この日は遊水地全体が見渡せる展望台で待つことに。
　13:30 2羽のノスリと共にアシ原の上空で回り始めた。
　14:20 再び同じ場所に現れ、20分ほどホバリングを観せてくれた。

・1000羽近いミヤマ・コクマルガラスの群れ

・ホバリング中、視点がずれるのか、一旦、旋回して元の場所に戻る行動を何度もくり返していた。
　この日ノスリでも見られた。
・全身の筋肉を複雑に使うホバリング。やはり疲れるのか、この後木に止まり長い時間飛ぶことはなかった。

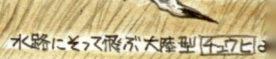

水路にそって飛ぶ大陸型チュウヒ♂。

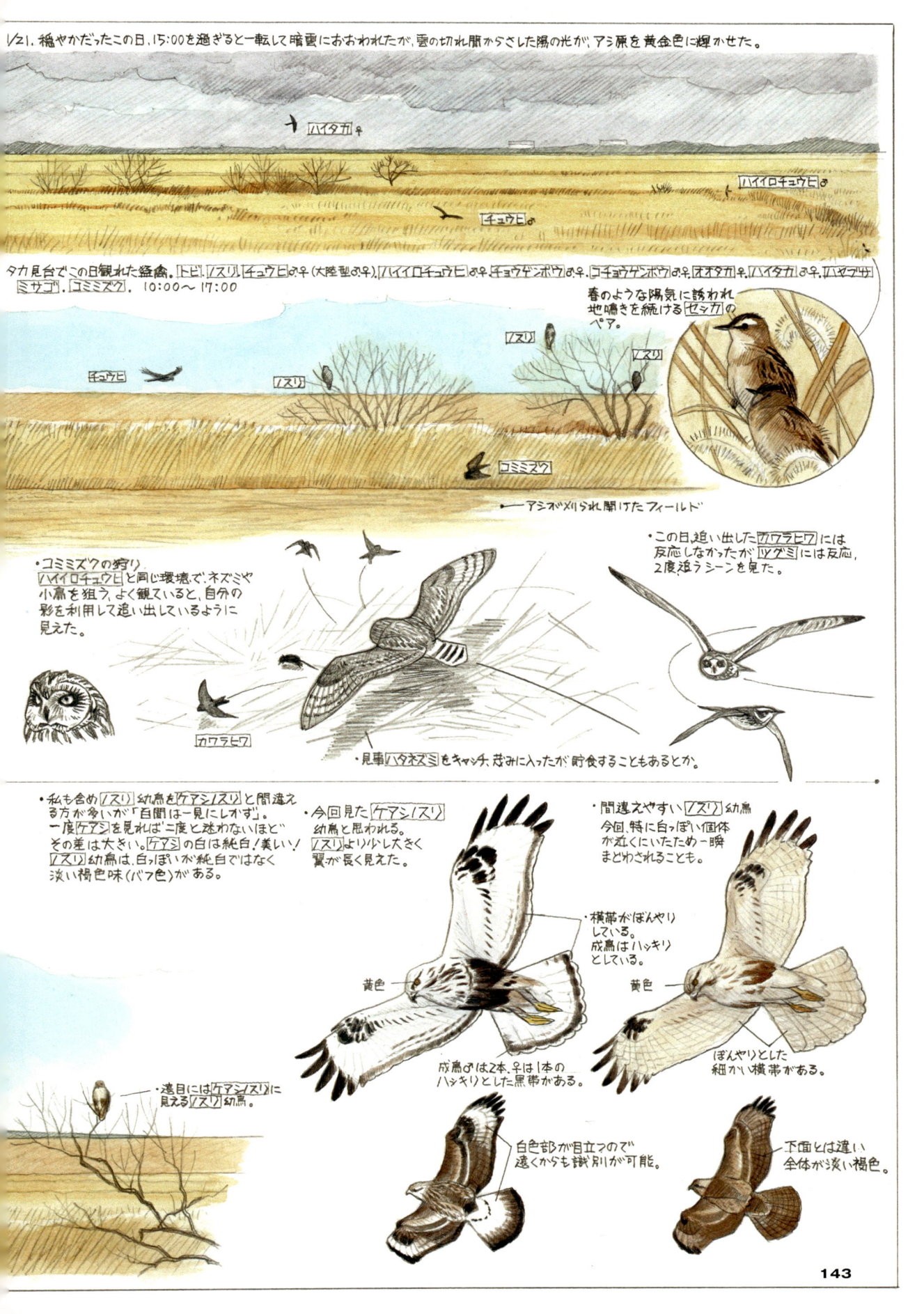

1/21. 穏やかだったこの日、15:00を過ぎると一転して暗雲におおわれたが、雲の切れ間からさした陽の光が、アシ原を黄金色に輝かせた。

ハイタカ♀
ハイイロチュウヒ♂
チュウヒ♂

タカ見台でこの日観れた猛禽。トビ、ノスリ、チュウヒ♂♀(大陸型♂♀)、ハイイロチュウヒ♂♀、チョウゲンボウ♀、コチョウゲンボウ♂、オオタカ♀、ハイタカ♀、ハヤブサ♀、ミサゴ♀、コミミズク。10:00～17:00

春のような陽気に誘われ地鳴きを続けるセッカのペア。

チュウヒ
ノスリ
ノスリ
ノスリ
コミミズク

←アシが刈られ開けたフィールド

・コミミズクの狩り
ハイイロチュウヒと同じ環境で、ネズミや小鳥を狙う。よく観ていると、自分の影を利用して追い出しているように見えた。

・この日、追い出したカワラヒワには反応しなかったがツグミには反応、2度追うシーンを見た。

カワラヒワ

・見事ハタネズミをキャッチ、芦みに入ったが貯食することもあるとか。

・私も含めノスリ幼鳥をケアシノスリと間違える方が多いが「百聞は一見にしかず」。一度ケアシを見れば二度と迷わないほどその差は大きい。ケアシの白は純白！美しい！ノスリ幼鳥は、白っぽいが純白ではなく淡い褐色味(バフ色)がある。

・今回見たケアシノスリ幼鳥と思われる。ノスリより少し大きく翼が長く見えた。

・間違えやすいノスリ幼鳥。今回、特に白っぽい個体が近くにいたため一瞬まどわされることも。

・横帯がぼんやりしている。成鳥はハッキリとしている。

黄色
黄色

成鳥♂は2本、♀は1本のハッキリとした黒帯がある。

ぼんやりとした細かい横帯がある。

・遠目にはケアシノスリに見えるノスリ幼鳥。

白色部が目立つので遠くからも識別が可能。

・下面とは違い全体が淡い褐色。

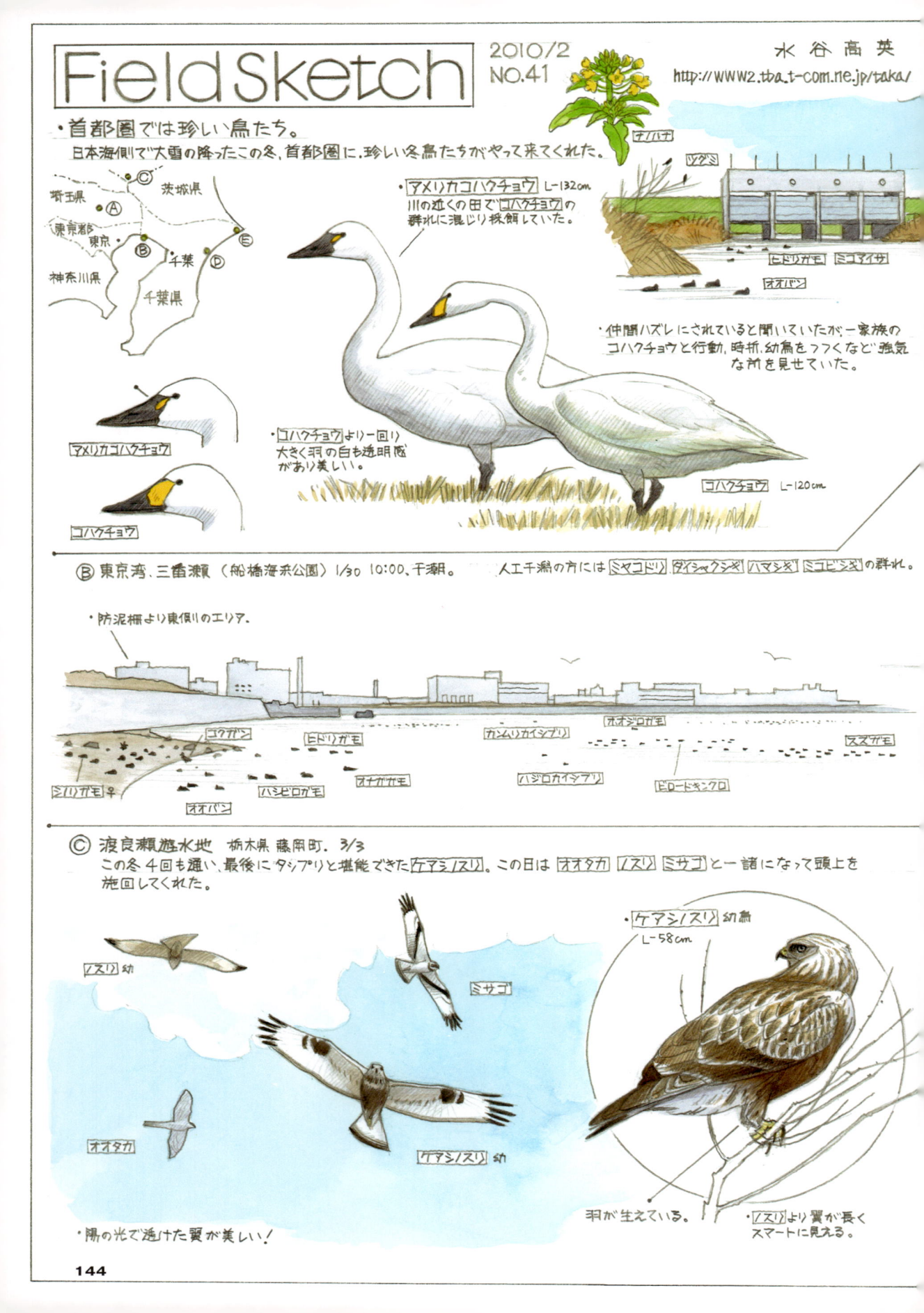

Field Sketch

2010/2 No.41

水谷高英
http://www2.tba.t-com.ne.jp/taka/

・首都圏では珍しい鳥たち。
日本海側で大雪の降ったこの冬、首都圏に、珍しい冬鳥たちがやって来てくれた。

ナノハナ

ツグミ

[地図：埼玉県、東京都、神奈川県、千葉県、茨城県 A/B/C/D/E地点]

・アメリカコハクチョウ L-132cm
川の近くの田でコハクチョウの群れに混じり採餌していた。

ヒドリガモ ミコアイサ
オオバン

・仲間ハズレにされていると聞いていたが一家族のコハクチョウと行動、時折、幼鳥をつつくなど強気な所を見せていた。

アメリカコハクチョウ
コハクチョウ

・コハクチョウより一回り大きく羽の白も透明感があり美しい。

コハクチョウ L-120cm

Ⓑ 東京湾、三番瀬 (船橋海浜公園) 1/30 10:00、干潮。
人工干潟の方には ミヤコドリ ダイシャクシギ ハマシギ ミユビシギ の群れ。

・防泥柵より東側のエリア。

コクガン シリガモ オオバン オナガガモ ハジロガモ ハジロカイツブリ カンムリカイツブリ ビロードキンクロ オオジロガモ スズガモ ヒドリガモ

Ⓒ 渡良瀬遊水地 栃木県、藤岡町、3/3
この冬、4回も通い、最後にタップリと堪能できた ケアシノスリ 。この日は オオタカ ノスリ ミサゴ と一諸になって頭上を旋回してくれた。

ノスリ幼 ミサゴ オオタカ ケアシノスリ幼

・ケアシノスリ幼鳥 L-58cm

・陽の光で透けた翼が美しい！

羽が生えている。

・ノスリより翼が長くスマートに見える。

Ⓐ コハクチョウの飛来地。埼玉県比企郡川島町の越辺川。1/4

オナガガモ　コガモ　コハクチョウ

・土手の向こうの餌場（田んぼ）から家族単位でやってくる。ギャラリーは少ない。

・コクガン　幼鳥　天然記念物
　L=61cm
　東北地方の北部より北で越冬するが、今年は同じ千葉県の銚子にも来ているとか。

雨おおいの白斑で若鳥とわかる

・ビロードキンクロ ♂
　L=55cm
　コワイ顔つき。

・遠くて見つけにくかったがスズガモの群れの中では一回り大きく、目の下の三日月状の白斑が目立っていた。

オナガガモ ♀
L=53cm

・コクガンは意外と小さく、特に頭部が小さくてカモに混じって泳いでいると、全く見つけることが出来なかった。

・観に行くことができなかった他の珍しい鳥たち。

Ⓓ 千葉県九十九里町に舞い降りた。

ユキホオジロ ♂

・多くのバーダーが訪れ、ちょっとした騒ぎに。そして、いつものことだが、エサがまかれた。

Ⓔ 千葉県銚子マリーナに現れたコオリガモの若いペア。観に行こうとした日、チリ地震による津波警報が出された。

Ⓑ 東京湾 三番瀬。2月の末になるとヒメハジロ♀の情報が入ってきた

動物園でしか見たことがない♂はステキです。

※ 首都圏にはバーダーが多く、これらの珍しい鳥たちも目撃されやすく容易に情報として入ってくる。おかげで首都圏だけで300種を観ることができたのだが…安易な鳥見を反省しつつ、第一発見者の方に感謝！

145

Field Sketch

2010/3
NO.42

水谷高英
http://www2.tba.t-com.ne.jp/taka/
Field Note 2003～

・ヤツガシラを観に。（千葉県,富津市）3/12

15年前に観て以来、なかなか出会う機会がない ヤツガシラ 、昨年も都心の公園に現れたとの情報を頂くも都合で3日後に訪ねると、途中で「旅立った。」との報が入り断念、今回は確認されてから、すでに2週間近くたっていることから、ダメモと気分で出かけることに・・・。

・現地に着いてから2時間、マッタリとした時間が流れた。・・・その時、1人のバーダーが走った！どうやら携帯に他のエリアに出たとの連絡が入ったようだ、勢いに乗せられ私も走り出していた、人が集まるグランドに着いた瞬間、 ヤツガシラ がスコアーボードを越えて飛び去るのが見えた。この後体力をかけた追跡が始まる。

セイヨウタンポポ

遠くからでも目立つ模様の ヤツガシラ

ツグミ　　ムクドリ

・飛び去った方向の住宅地に採餌ポイントの空地があると聞き移動することに。11:00

・・・しかし空地に ヤツガシラ の姿はなく、再び戻り探すことに。

・この日は意外と気温が高く、すでに汗だく状態
　冷たい飲物を買おうとコンビニに寄ると・・・！

・コンビニのとなりの草地から飛び立ち、先程までいた空地の方に向かって飛んだ・・・ アーア。

野球場の照明塔が見える。

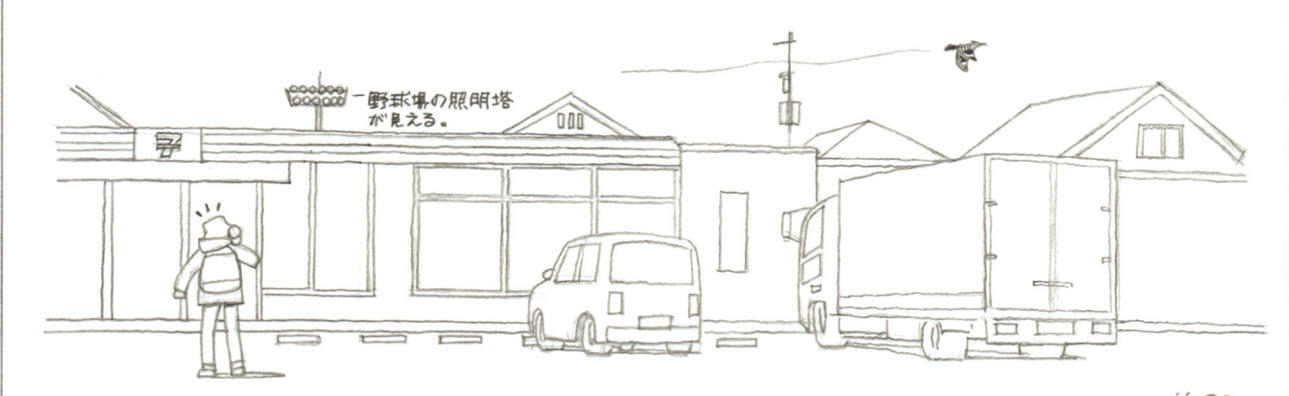

・空地から戻る人達を制して、再び空地へ、身軽な私に比べ望遠カメラを持ったシニアのバーダーは大変だ！

- 9:00 現地の運動公園。駐車場前の広場には、すでに15人ほどのカメラマン。皆、手持ち無沙汰にしていることから、ヤツガシラ がまだ姿を見せていないことが分かる。少し周辺を歩くと他に2ヶ所のポイントがあり、それぞれ7〜8人のバーダーが張り付いていた。

オオタカ

・公園の脇を流れる水路に2羽の セイタカシギ の若鳥

・タンポポの花を食べる ヒヨドリ

・芝生の広場に咲いていた、たった一輪の花を食べてしまった。

・以前にも富士山でタンポポの花を食べる コマドリ を見た。

カントウタンポポ

・花が終わった後の種子は カワラヒワ などが食べるが。

・他にバーダーの姿も無く、警戒せずにすぐ近くまで来てくれた。

・ヤツガシラ の採餌場となっている住宅地の中の空地。(観察には近隣への配慮が必要な環境) 11:20

ヒヨドリ
ツグミ
ヤツガシラ

・カメラマンは皆この瞬間を狙う。

・体をまっすぐにして大きな翼でふわふわと飛ぶ。

ヤツガシラ L-30cm
ブッポウソウ目 ヤツガシラ科
旅鳥。開けた乾燥地を好む。
中国、インド、ヨーロッパ、アフリカに分布。

・地中の昆虫やその幼虫を食べる。今回10分程で3回採るのを見た。

・今回見ることはできなかった冠羽を立てた状態。警戒したときや、下り立ったときに広げる。

・変な後ろ姿。

・早くて何かは見てとれない。

もうツクシボ!

※珍しい鳥ゆえに、住宅地に居ることに違和感を感じるが、実は人の近くで生活する鳥で、生息地では牧場、果樹園、公園、住宅地、などで見られる。1982年に長野県の佐久市で繁殖が確認されたのは民家の天井裏だった。
◎(週刊朝日百科 動物たちの地球 1991刊行)を参考。

・短い脚はなかなか見えない。

・11:35 現場を離れ帰路につく。長居は無用。

Field Sketch

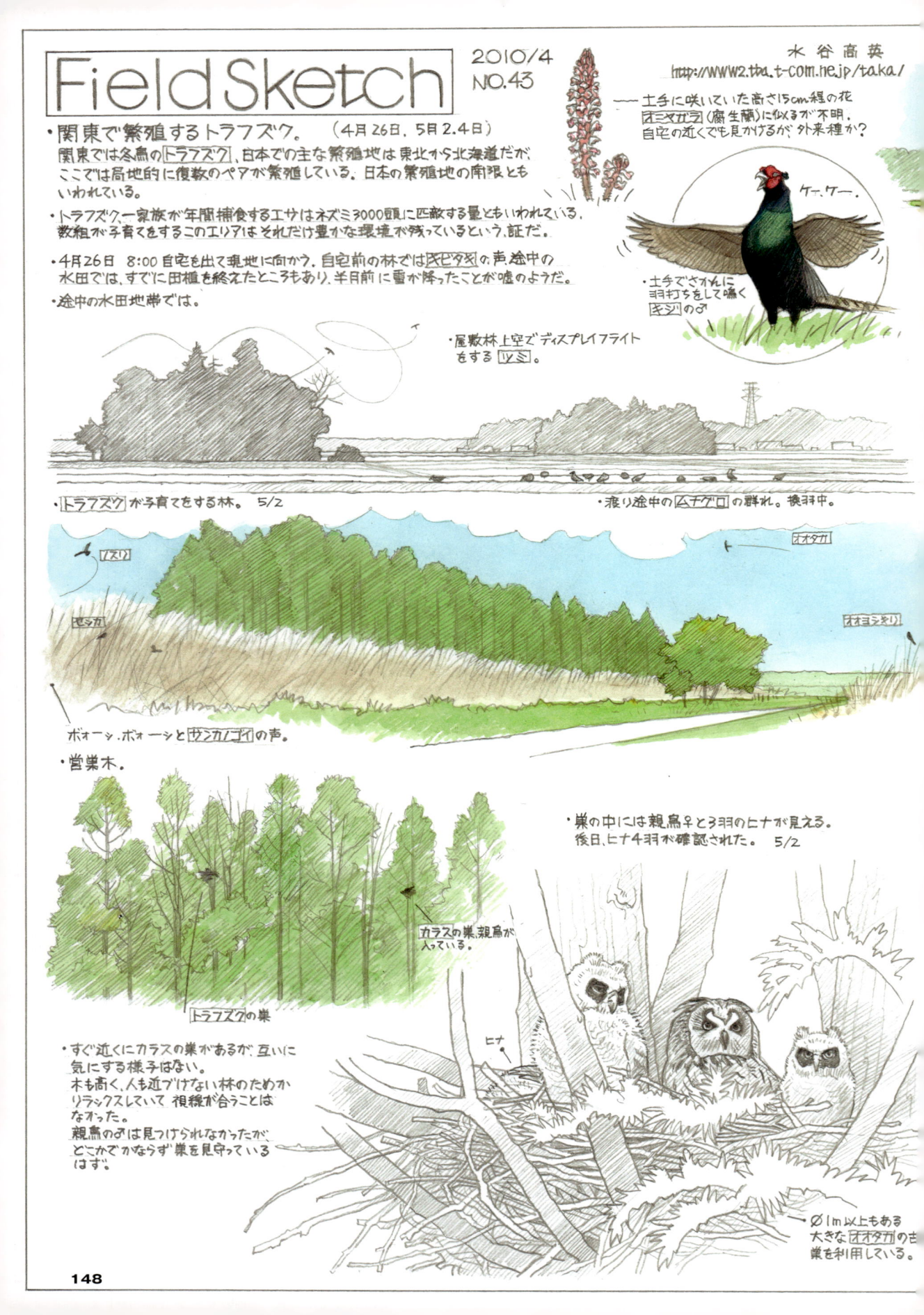

2010/4 No.43

水谷高英
http://www2.tba.t-com.ne.jp/taka/

— 土手に咲いていた高さ15cm程の花
 オニマタガ（腐生蘭）に似るが不明。
 自宅の近くでも見かけるが外来種か？

・土手でさかんにヨコキしをして鳴く キジ の♂
ケーケー．

- **関東で繁殖するトラフズク。** （4月26日, 5月2.4日）
  関東では冬鳥の トラフズク、日本での主な繁殖地は東北から北海道だが、ここでは局地的に複数のペアが繁殖している。日本の繁殖地の南限ともいわれている。

- トラフズク一家族が年間捕食するエサはネズミ3000頭に匹敵する量ともいわれている。数組が子育てをするこのエリアはそれだけ豊かな環境が残っているという証だ。

- 4月26日 8:00 自宅を出て現地に向かう。自宅前の林では ジョウビタキ の声。途中の水田では、すでに田植えを終えたところもあり、半月前に雪が降ったことが嘘のようだ。

- 途中の水田地帯では。

・屋敷林上空でディスプレイフライトをする ヒバリ。

・トラフズク が子育てをする林。 5/2
・渡り途中の ムナグロ の群れ。換羽中。
オオタカ
ノスリ
モズ
オオヨシキリ

・ボォーッ・ボォーッと サンカノゴイ の声。

・営巣木。

カラスの巣、親鳥が入っている。

トラフズクの巣

・すぐ近くにカラスの巣があるが、互いに気にする様子はない。
木も高く、人も近づけない林のためかリラックスしていて視線が合うことはなかった。
親鳥の♂は見つけられなかったが、どこかで必ず巣を見守っているはず。

・巣の中には親鳥♀と3羽のヒナが見える。後日、ヒナ4羽が確認された。 5/2

ヒナ

⌀ 1m以上もある大きな オオタカ の巣を利用している。

148

- トラフズクが子育てをする神社。この日たくさんのヒヨドリが渡った。4/26

・杉林の中に、やっと見つけた親鳥♂ 羽の模様が杉の枯枝に同化している。ずっと動かない。

ハタネズミの頭骨。
前歯

トラフズク♂ L=36cm 尾羽より長いつばさ。

・白くフンで汚れたネグラの杉の木の下で見つけたペリシト。

・∅60cmほどの小さな巣。

・杉の木にかけられたカラスの古巣を利用した巣。最初は空巣かと思ったが白く抜けて見えたのは空ではなく白いヒナだった。

・5月2日 神社の巣のヒナがやっと顔を見せてくれた。

・枝の陰からじっとこちらを見ている。

・5月4日 巣立ち！この日巣から出て営巣木を少しずつ登っていた。

鋭い表情。

2羽のヒナが見える。後日4羽の巣立ちが確認された。

・弥勒菩薩のようなシルエットのヒナ。先人が神仏を具象化しようとした時、インスピレーションを与えたのでは と思わせる存在感。フクロウやクマタカにも感じる。

・帰り道、フクロウが営巣する神社を訪ねた。5/2,4

・巣があるコブシの巨木

・近くで鳴くカラスを気にしている。ヒナは3羽、成長の度合いに、かなりの差がある。ガンバレ、末っ子！

Field Sketch

2010/5 No.44

水谷高英
http://www2.tba.t-com.ne.jp/taka
Field Note 2003〜

ハマエンドウ

チュウシャクシギ

○ 春の海。（神奈川県、城ヶ島）5/9

2007年の1月号で ヒヨドリ の秋の渡りを紹介した城ヶ島。今回季節を変え、春に訪ねてみた。城ヶ島公園の駐車場が開く前の7:00に着くと、早速、磯へと降りる。遠くの岩場に釣り人の姿はあるが浜に人の気配はなく、静かで潮風も心地いい。
しばらくボーッとしていると、干潮で現れた岩場を活発に移動する鳥たちの姿が見えてきた。（この日の干潮は8:00）

・たった1羽 ウミウ の若鳥。若鳥は北へ移動しないのか？

オオミズナギドリ

チュウシャクシギ の群れ。

イソヒヨドリ♀

・ イソシギ を追う イソヒヨドリ ♂

・近くの岩場に来てくれた キョウジョシギ の群れ。干潟や水田で見る時よりも、日射しのせいか一層あでやかで美しい！（10羽）

・9:30 人が出始めると、鳥たちも姿を消したので帰ることに。

イソシギ

・帰り道、崖の上の小道で先導するかのように次々と モンキアゲハ が現れた。どうもそこは蝶の道になっているようだ。

- 三浦半島の最南端、城ヶ島 安房崎は ウミウ 、ヒメウ の越冬地として知られる。

トビ

オオミズナギドリ

- 4月には繁殖地へ旅立つ
ため、すでにその姿はないが、
岸壁はフンで真白になって
いる。
年々、減っているとはいえ
1000羽近くが越冬する
という。

強い冬の北風を
避けるた岬の南側
を利用している。

・3羽のウが見えるが
遠くて種は特定できず。

トビ

- 打ち上げられた海藻の中に隠れるカニを探す
チュウシャクシギ の群れ。(20羽)

キアシシギ

キョウジョシギ

- 渡ってきたばかりなのか警戒心が強く、磯で岩ノリを採る
老人に「ピューィ、ピッピッピッピッ」と鋭く鳴く キアシシギ 。(2羽)

- 家族の希望で鎌倉に寄って帰ることになったが
心配したほど道も混まず、観光客で溢れる若宮大路
もスイスイと流れ北鎌倉に入るころには、ルンルンの
行楽モードに切り替わり、古寺巡礼とばかりに円覚寺
を訪れた。
藤の花が咲く境内の裏山からは ウグイスやホトトギス
の声、外国人観光客の流れの中でも、なぜか
心地良い時が過ぎた。

キョッ キョ、
キョキョ キョキョ

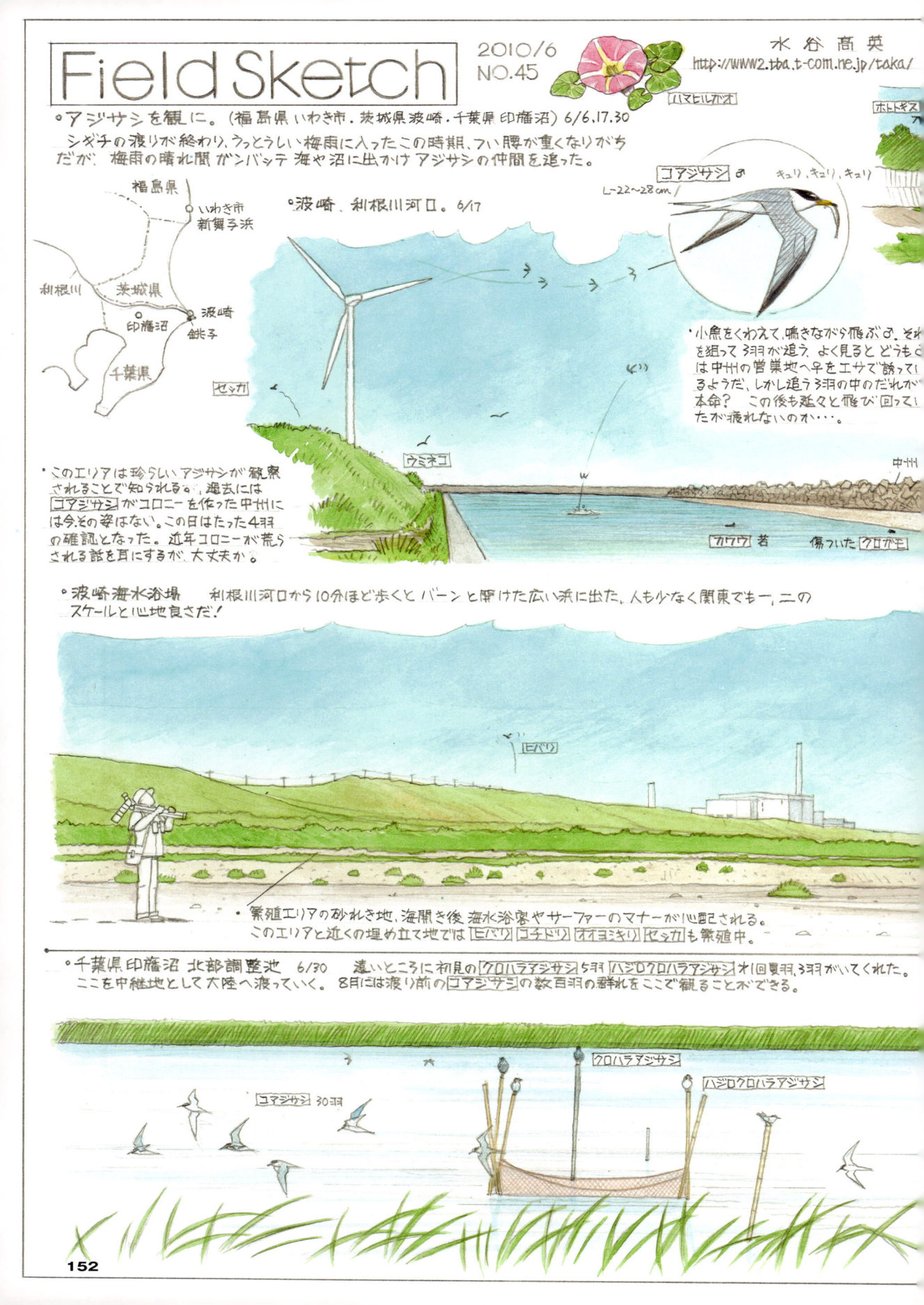

Field Sketch

2010/6 NO.45 水谷高英
http://www2.tba.t-com.ne.jp/taka/

ハマヒルガオ
ホトトギス

- アジサシを観に。(福島県いわき市・茨城県波崎・千葉県印旛沼) 6/6,17,30
 シギチの渡りが終わり、うっとうしい梅雨に入ったこの時期、つい腰が重くなりがちだが、梅雨の晴れ間ガンバッて海や沼に出かけアジサシの仲間を追った。

○波崎、利根川河口。6/17

コアジサシ ♂ キュリ、キュリ、キュリ
L=22～28cm

福島県 / いわき市 / 新舞子浜
利根川 / 茨城県 / 波崎 / 銚子
印旛沼 / 千葉県

セッカ / ウミネコ / カワウ若 / 傷ついたクロガモ / 中州

小魚をくわえて、鳴きながら飛ぶ。それを狙って3羽が追う。よく見るとどうも♂は中州の営巣地へ♀をエサで誘っているようだ。しかし追う3羽の中のだれが本命？ この後も延々と飛び回っていたが疲れないのか…。

- このエリアは珍しいアジサシが観察されることで知られる。過去にはコアジサシがコロニーを作った中州には今その姿はない。この日はたった4羽の確認となった。近年コロニーが荒らされる話を耳にするが、大丈夫か。

○波崎海水浴場　利根川河口から10分ほど歩くとバーンと開けた広い浜に出た。人も少なく関東でも一、二のスケールと心地良さだ！

ヒバリ

・繁殖エリアの砂れき地。海開き後海水浴客やサーファーのマナーが心配される。このエリアと近くの埋め立て地ではヒバリ コチドリ オオヨシキリ セッカ も繁殖中。

○千葉県印旛沼 北部調整池　6/30　遠いところに初見のクロハラアジサシ 5羽 ハジロクロハラアジサシ 1回夏羽、3羽がいてくれた。ここを中継地として大陸へ渡っていく。8月には渡り前のコアジサシの数百羽の群れをここで観ることができる。

コアジサシ 30羽 / クロハラアジサシ / ハジロクロハラアジサシ

- 福島県いわき市 新舞子浜。波打ち際より一段高くなった砂れき地が コアジサシ の繁殖地になっている。数年前より地元バーダーの団体により保護のための立ち入り規制のロープと看板が設置されたにもかかわらず、この日も不審な行動の進入者がいた。 6/6

コアジサシ
ウミネコ
ミサゴ

3年前の8月に訪れた時には1組の親子を確認、例年何組が繁殖するのだろうか。この日は20羽ほどの群れが長時間沖合いに出て飛んでいる、繁殖にはまだ少し早いのか。

交尾をする シロチドリ
ハマエンドウ

- 繁殖エリアに近づくと一羽の コアジサシ が現われ鳴きながら頭上を旋回、警戒している。繁殖が始まっているのが確認できたので早々に退散。

キイン・キイン・キイン・ギャッ

- この日気温は30℃を越え海岸から濃い霧が立ち昇った。

シロチドリ
ウミネコ

旅鳥
クロハラアジサシ
L=23〜29cm

- 今回、初見のため識別に苦労した ハジロクロハラアジサシ 、飛べば腰が白いので分かり易いのだが…遠く逆光のため上面が濃く見えるがよく似た ハシブトクロハラアジサシ と2つのポイントを比較してハジロと断定。

旅鳥
ハジロクロハラアジサシ
L=23〜27cm 才1回夏羽

ハジロクロハラアジサシ
L=23〜28cm 才1回夏羽

印旛沼で人気者の モモイロペリカン の カンタ君

- 16年前から船つき場の舟をネグラにしているカゴ抜け鳥。メディアで人気者となった幼稚園に遊びにいくのは山口の「カンタ君」。

153

Field Sketch

2010/7 No.46

水谷高英
http://www2.tba.t-com.ne.jp/taka/
Field Note 2003～

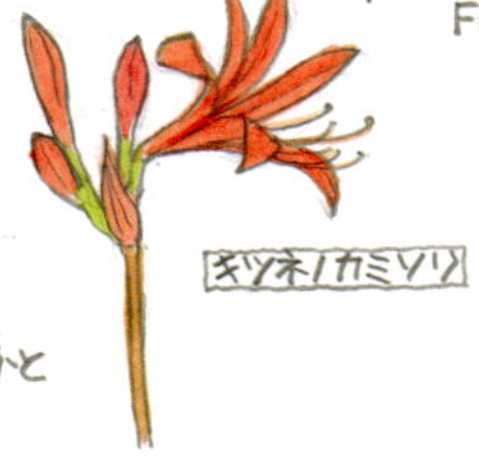

キツネノカミソリ

- 騒がしい7月。
  例年にない蒸し暑い梅雨が明けたと思ったら、連日の猛暑で、ぐったりの7月。熱中症が怖くて鳥見に出かける勇気もなく、自室からの観察を楽しむことに。
  例年自宅前の林ではハシブトガラスとハシボソガラスが営巣し、7月はなにかと騒がしいのだが、今年はハシブトガラスが姿を消したためか、いつもとは違う賑わいで。

- 6/19 林から、さかんに鳴くツミ♂の声。観にいくと求愛給餌で♀がエサを受け取ったところ。その直後、移った枝で交尾が始まった。

ツミ♀

- 6/20、ハシボソガラスが子育てを終えた巣に♀が入っている。例年ならハシブトガラスに追い立てられ姿を消してしまうが、今年は初めて、この場所で繁殖することに。

- 今回のペア、成熟度が高く、多くの経験をつんでいるのだろう。特に♂は営巣木の下の散策路を多くの人が行き交うにもかかわらず、スコープを持った私が近づくと、鳴くのを止め姿を隠してしまう。

巣の様子も行動もなかなか観せてくれないペア、以後、暑いこともあり、自室からの観察に切りかえることに。

6/25 抱卵確認。

針金ハンガー　クヌギ

一ヶ所からしか観ることのできない巣。

- 7月。ここ数年ハシブトガラスにヒナを奪われ続けたヒヨドリ。生ゴミを荒すハシブトを威嚇する私を見て、私を用心棒にと決めたようで4年前には玄関前のキンモクセイに営巣するも孵化直後におそわれ失敗。翌年からはとうとう玄関ドア横1mのコニファーに営巣、ハシブトからの攻撃は防いだが巣立ち直前にアオダイショウにおそわれ、ヒナを見失う親鳥。以後一週間、朝から晩までヒナを呼ぶ親鳥の悲痛な声が庭にひびき、私も軽いノイローゼ状態。今年もこりずにコニファーに巣材を運ぶが、丁重にお引きとり願った。

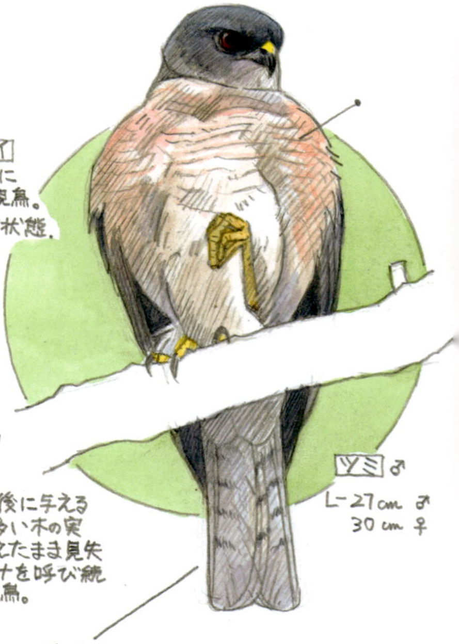

2006.2007年
- 7月の悲劇。

ピーピー　ヒーヨ　ヒィーヨ　ヒィーヨ　ヒィーヨ　ヒイピィーヨ　ヒィーヨ

ヒーヨ　ヒーヨ　ショーシ

- 2度目の襲来でヒナは連れ去られに。
- もちろん用心棒の私はこの状況からヒナを救い出したのだが、手を出したことで翌日から、玄関を出ると親鳥に威嚇されるはめに。
- 巣立前後に与えることが多い木の実をくわえたまま見失ったヒナを呼び続ける親鳥。

ツミ♂
L-27cm ♂
30cm ♀

- 警戒されるのを避け双眼鏡とスコープは持たず、コンパクトデジカメでとらえた姿。胸や肩の筋肉が発達し胸の斑も不明りょうで全体に淡いオレンジ色が高い成熟度を示す。

・自室の窓から。

(図中の鳥の名前ラベル:)
カルガモ、アオゲラ、ヒヨ・ヒヨ、グゥーシ・グゥーシ、ヒヨドリの巣、・ハシボソの空き巣を利用したツミの巣、ツバメ、ギュイ・ギュイ、オナガの巣、カッコウ、アオゲラ、ヒメアマツバメ、キー・キ・キ・キ・キ、ミーン・ミーン・ミン・、・ハシブトの古巣 ツミ♂はこちらの巣の方が気に入っていたようで最後まで子を呼び込んでいた。

7月15日. 梅雨が明け猛烈に暑い日が続くこの日、ツミが朝からさかんに鳴いている。数日前に孵化した兆候はあったのだがいよいよ子育てが始まったようだ。この日以降、夜明けと共に、♂が捕ってきたエサを♀に渡すための鳴き交わしが始まった。
　キュウ・キュウ・キーッキ・キシ・キシ・キシ・キシ・キシ (♂は♀より声は少さいが鋭く少し高い声でなく。)
・平均して1日6〜8回朝夕に多く鳴くが、その数だけの小鳥が毎日犠牲になっていることにもなる。(♂のハンティングの能力が分かる。)
このころからツミを用心棒として周囲に営巣したオナガやヒヨドリも活発に鳴くようになり、窓を開けて仕事をしていると彼らの鳴き声のバリエーションが少し見えてきて楽しい。

7月31日. 前日の激しい雨で林周辺には葉や小枝が散乱している。林からは今までにないほどツミやオナガが騒がしい。
ツミの巣を覗くと♀の姿はあるがヒナの姿は見えない。(巣が大きいためか、気配はあるがヒナの姿はまだ確認していない。)

8月1日. 今日も暑い。早朝ツミの巣を覗くとキジバトが入っている。「オヤッ？」と思った瞬間ツミ♀がキジバトに体当たり。よく観ると、巣の上1mの枝に♀と並んで幼鳥が止まっているが上半身が見えない。場所をかえようと、目を離した瞬間、姿を消してしまった。周辺を探すが見つけられない。巣立ち直後の幼鳥がそれほど飛べるとも思えないが？結局この日からツミの姿も声も林から消えてしまった。　成熟した親鳥ゆえの見事な巣立ちに拍手。パチ・パチ・パチ。

(スケッチ中のラベル:)
ヒーヨ・ヒーヨ、幼鳥、ヒヨドリ、ツミ♀、ジューライ・ジューライ、ジーイ・ジーイ、♀、ジェーイ、オナガ

・ツミが巣立つと、それまでツミを用心棒としていたオナガやヒヨドリが一斉にツミを警戒し始める。関係にどの様な変化が生じるのだろう？オナガやヒヨドリもそれぞれが子育て中ということもあるが…？

・ヒヨドリがセミを食べるのは見たことがあるが、オナガは初めて。

オナガ
L=37cm
スズメ目 カラス科

成鳥 / 幼鳥

アキアカネの群れ現る。

幼鳥 / 親鳥

・枝の上でキジバト幼鳥が全身を震わせ、カワイイオーラ全開で親にエサをねだっている…と思っていたら
オイ・オイ・オイ！？

8月4日 オナガの群れも静かになると林にセミの声がひびくようになった。シー・シー・ミーン・ミーン・ミーン・シャシャシャ・シャシャ・シャ・シャ。

・騒がしく移動する小群の中には数羽の幼鳥や尾羽に若鳥の特徴の見られるものも。

Field Sketch

2010/8 NO.47

水谷高英
http://www2.tba.t-com.ne.jp/taka/
Field Note 2003〜

[スイレン]

- ツバメチドリ飛ぶ。（茨城県稲敷郡）8/25
  毎年、春と秋の渡りの時期に訪ねる利根川流域の田園地帯、例年なら、ところどころに休耕田が見られ、渡り途中のシギチの姿を見ることができるのだが、今年、休耕田が激減、シギチの姿も無い。ニュースで農家への補助金政策で休耕田が増えたばかりだが？結局、休耕田を見つけられないまま最終目的地に着いてしまった。そこは昨年と変わらず適度に水が張られ、中継地として希少な環境を残してくれていた。感謝！

[アマサギ] W

- この休耕田には。

[オオハシシギ] S→W
[ウズラシギ] S→W
[コアオアシシギ] J→1W

Ⓐポイント

- 居合わせたバーダーの方に[ツバメチドリ]の情報を頂き、急ぎ移動。希少な2ヶ所の休耕田に[シギチ]たちが居てくれた。

- 関東では少ないが利根川流域で希に見かける。
  [ケリ] W

- 暑さで口を開け、上空を飛ぶ虫を探す
  [ツバメチドリ] W

- [ツバメチドリ]は姿だけでなく飛びかたもツバメに似ているのだろうナ？その答えをやっと目にすることができた！

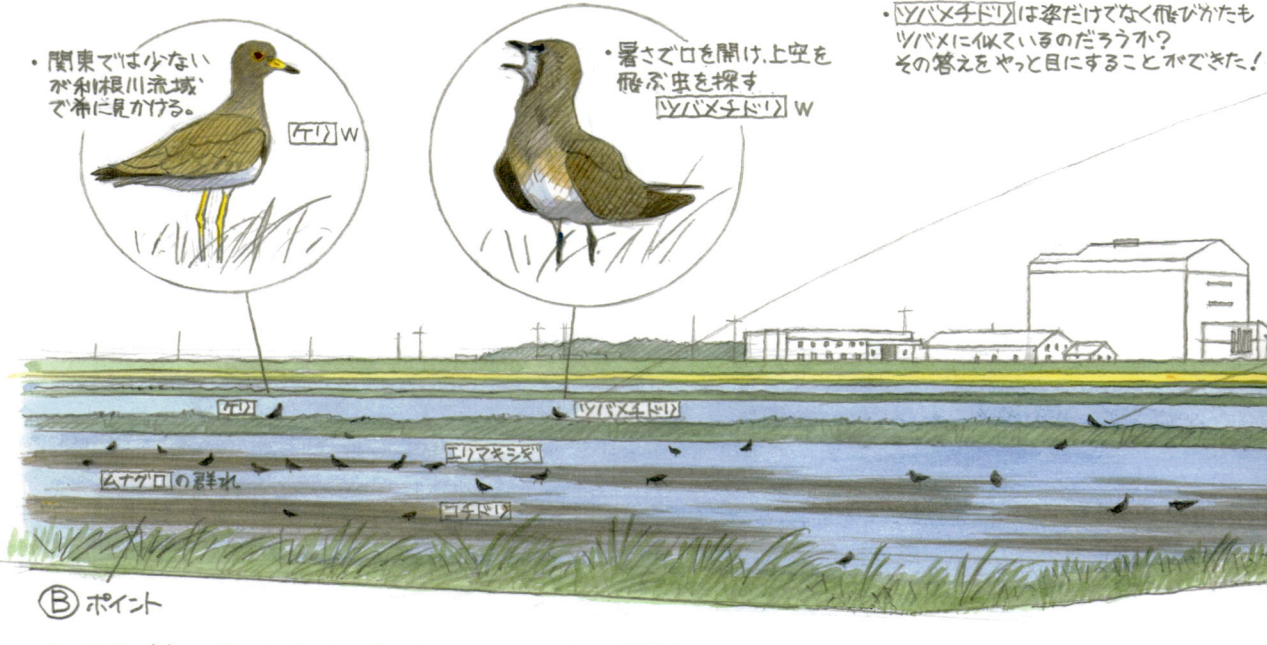

[ケリ] [ツバメチドリ]
[エリマキシギ]
[ムナグロの群れ]
[コチドリ]

Ⓑポイント

- この日3ヶ所のポイント（休耕田）で観ることのできた[シギチ]5種の大きさ比べ。

[コチドリ] J
[ウズラシギ] S→W
[クサシギ] W
[コアオアシシギ] J
[アオアシシギ] S→W
[オオハシシギ] S→W

156

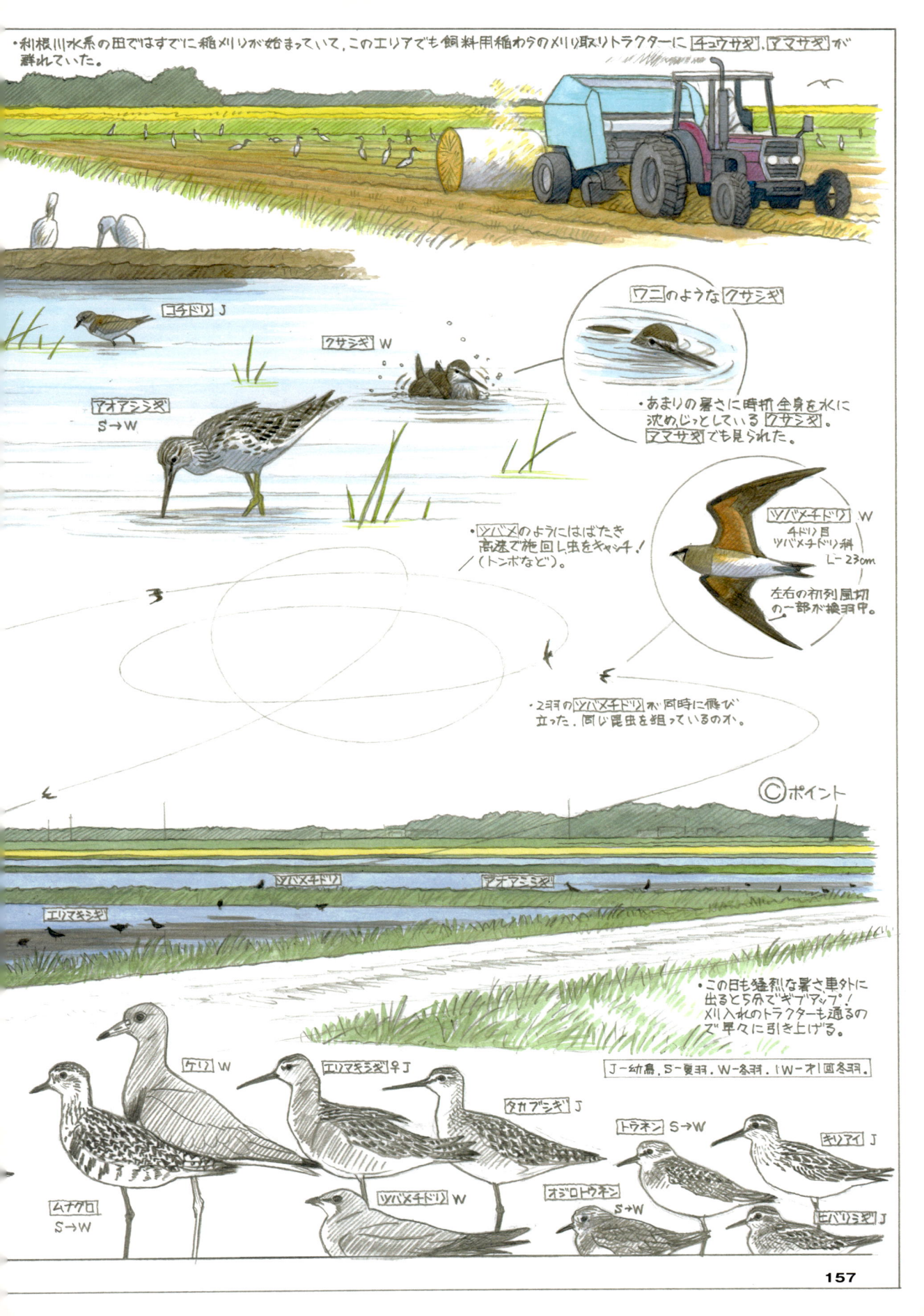

- 利根川水系の田ではすでに稲刈りが始まっていて、このエリアでも飼料用稲わらの刈り取りトラクターに チュウサギ 、アマサギ が群れていた。

コチドリ J

クサシギ W

ワニのような クサシギ

アオアシシギ S→W

・あまりの暑さに時折全身を水に沈めじっとしている クサシギ 。アマサギ でも見られた。

ツバメチドリ W
チドリ目
ツバメチドリ科
L-23cm
左右の初列風切の一部が換羽中。

・ツバメのようにはばたき高速で旋回し虫をキャッチ！（トンボなど）。

・2羽の ツバメチドリ が同時に飛び立った。同じ昆虫を狙っているのか。

©ポイント

ツバメチドリ   アオアシシギ
エリマキシギ

・この日も猛烈な暑さ。車外に出ると5分でギブアップ！刈入れのトラクターも通るので早々に引き上げる。

J-幼鳥、S-夏羽、W-冬羽、1W-第1回冬羽。

ムナグロ S→W
ケリ W
エリマキシギ ♀J
タカブシギ J
ツバメチドリ W
オジロトウネン S→W
トウネン S→W
キリアイ J
ヒバリシギ J

157

Field Sketch

2010/9 NO.48

水谷高英
http://www2.tba.t-com.ne.jp/taka
Field Note 2003〜

・感動のタカ観！　9/11, 29 10/2

　タカの渡りを自宅近くの丘陵地で観察し始めてから15年。今年からは定点の観察に加え、点と点をつなぐルートの調査にも時間を充てることに。先ずは太平洋側の渡りより半月程早く渡りが始まる日本海側ルートのポイントを探すため新潟を訪ねた。9/11

・早朝4:00東京の自宅を出発。7:00戸隠高原着、杉の巨木が並ぶ参道に朝の木漏れ日が美しい。JRのCMで吉永小百合さんが手を添えた巨木を探しながら戸隠神社奥社への参拝を済ます。
10:00 見晴らしの良さそうな妙高高原へなんの情報も持たず、始めて訪ねた。いもり池にあるビジターセンターで情報を頂いた後、地に出ると、すでに上空でサシバが1羽旋回している。近い！しかも暗色型！（近年 初サシバに暗色型が三度も。）

[ヒガンバナ]
[クマタカ]
[サシバ]
黒姫山

1000羽に1羽といわれる
暗色型 サシバ
ノドの白色部が無い
翼が透けて美しい
長く旋回して仲間を待つも現れず単独で渡っていった。

[地図: 日本海、新潟、妙高山、黒姫山、妙高高原、長野、富山、北アルプス、信州新町、松本、白樺峠]

・信州新町、白樺峠には地元バーダーによる渡りの調査、観察ポイントがある。
・この日、信州新町と白樺峠の通過数が近いことからこの日のメインルートの可能性大。しかしシーズンを通しては同調しない日があり、他にもルートがあるのが推察できる。

・9月14日、毎年定点観察を続ける東京武蔵野の丘陵地をサシバ1羽通過！今年も始まった！。
2日前35℃の猛暑日を記録。しかし前夜は一気に気温が下がり、夜が明けると雲が北東から流れている、もしやと思い観察地に向かう。そして10:40 ノスリとからみながら丘陵地上空にサシバ1羽が現れた。
9/18 16羽。9/19 1羽。しかしこの後再び南よりの風が吹き不安定な日が続く。そして9/26、前日の午後から天候も回復、風も絶好の北東風 綿雲も出ている「今日だ！」・・・予想的中！この日300羽のサシバ、ハチクマ3羽 チゴハヤブサ2羽が渡り、1回目のピーク日となった。この後は、丘陵地より先の渡りルートの調査に移る。

9月29日、丘陵地を通過するタカは、だいたい北西ルート（太平洋沿岸）と西ルート（内陸、富士山方向）に別れるが、今回は北西ルート上にある峠で、その先のルートを調査。しかし峠は雲の中。何も見えない！すると居合わせた地元バーダーの方が「下でイヌワシが出ているよ。」とのお言葉。「またまたー。」と半信半疑で訪ねると・・・「出たーッ。デカイ!!」。そしてこの後1時間ほどで4回も出現、そしてその度ごとに!! オォーシ

[ハヤブサ] ② 渡るサシバ　[クマタカ] ④ [ノスリ]
クマタカのペア　アオバト

10月2日、再び現地を訪れる。
早朝から山の中央部あたりで
ハシブトガラスが騒がしい。
8:00を過ぎるとサシバもポツポツと通過、9:30からは群れや流れタカ柱も。
◎9:45、イヌワシが山の右手に現れるとハシブト80羽が一斉に後を追い彗星のように流れた！スゴイシ!!

・新潟県 妙高高原 いもり池 から妙高山を望む。9/11

ツバメ　ノスリ　妙高山　サシバ　ハチクマ　アマツバメ　カルガモ

・木陰のベンチで早い昼食をとり、ボーッと雲を眺めていると、妙高山にかかる雲の中に気配。急ぎ双眼鏡で確認するとサシバが右手(北)から黒姫山方向(南)へと流れている。カミサンも呆れる速さ(4km)のサシバ発見で、今年も"タカ観モード"のスイッチが入る。その後11:00までにサシバ 16羽 ハチクマ 1羽の渡り確認(池の上に現われた3羽は信州飯町→松本→白樺峠へと続く南へと高速で流れた。) 少し予想はしていたものの推測通りのコースで流れたこと、この環境に感動！キモチイーイ！

・出る度に違うタカとニアミス！夢のようだ！　WS=翼開長

② 渡るサシバ WS 105〜115cm
③ 渡るハチクマ WS 120〜135cm
④ この山を縄張りとする クマタカ WS 140〜165cm　イヌワシを避けUターンしてしまった。

① イヌワシ 若　WS ♂-170cm ♀-210cm
- 上面の雨覆に淡い褐色部があるので幼鳥というより2〜3年目の若鳥か？
- 肉眼では尾の白斑は見えにくい。
- 2mは超えていると思われる。
- しつこく絡む ノスリ 幼　WS 122〜137cm

渡るハチクマ ③　アマツバメ　アサギマダラ　① ノスリ幼

・若いイヌワシは親の縄張りから離れ自らの縄張りを求めて移動する。開けた狩場が見当らないこの場所での定着は難しいだろう。ガンバレ！！

・この日サシバ 438羽 ハチクマ 5羽 渡る。

10月6日、サシバの渡りも終わりと決め、仕事机に向かうと10:40 2羽が自宅の真上を通過、計14羽。これが今年の見納め！

あとがき

　10年ひと昔と言うが，月刊『BIRDER』で連載「Field Sketch」をスタートしてから5年半。この間，連載で紹介したフィールドの中には，すでに消滅してしまったり，状況の悪化で鳥たちの姿が消えた場所も増えてきている。その原因の多くに人がかかわっている以上，私たちも今以上に想像力をもって行動しないことには，この状況は変えられないかもしれない。

　フィールドでの取材中，情報の提供や案内をしていただいた方々に，この場を借りてお礼を申し上げます。楽しい時間をありがとうございました。

参考文献
- 五百沢日丸・山形則男・吉野俊幸『日本の鳥550 山野の鳥 増補改訂版』(文一総合出版)
- 桐原政志・山形則男・吉野俊幸『日本の鳥550 水辺の鳥 増補改訂版』(文一総合出版)
- 叶内拓哉『絵解きで野鳥が識別できる本』(文一総合出版)
- 叶内拓哉『ポケット図鑑 日本の鳥300』(文一総合出版)
- ㈶日本鳥類保護連盟『鳥630図鑑』(財団法人日本鳥類保護連盟)

著者プロフィール
水谷高英（みずたに・たかひで）

1951年，岐阜県生まれ。武蔵野美術短期大学卒業。テレビ局勤務ののち，フリーのイラストレーターとなる。幼児向け教育絵本などを経て，現在は野鳥イラストを中心に図鑑，雑誌，広告を手がける。主な作品に，雑誌『BIRDER』連載の「Field Report」，『野鳥フィールドノート』(文一総合出版)，『小学館の図鑑NEO 鳥』(小学館)がある。『みる野鳥記』(あすなろ書房)で，第40回産経児童出版文化賞を受賞，サントリーの新聞広告で，第21回読売広告大賞読者大賞を受賞。日本野鳥の会会員，NPO法人自然環境アカデミー会員。

BIRDER SPECIAL
野鳥フィールドスケッチ
2011年6月14日　初版第1刷発行

著者　　水谷高英
デザイン　國末孝弘（ブリッツ）
発行者　斉藤　博
発行所　株式会社 文一総合出版
〒162-0812 東京都新宿区西五軒町2-5 川上ビル
tel:03-3235-7341（営業）03-3235-7342（編集）
fax:03-3269-14C2
http://www.bun-ichi.co.jp/　http://www.birder.jp/

郵便振替　00120-5-42149
印刷　　奥村印刷株式会社

©Takahide Mizutani 2011
ISBN978-4-8299-1132-7　Printed in Japan
乱丁・落丁本はお取り替えいたします。

JCOPY 〈㈳出版者著作権管理機構 委託出版物〉

本書の無断複写は著作権法上での例外を除き禁じられています。複写される場合は，そのつど事前に，㈳出版者著作権管理機構（電話03-3513-6969 FAX 03-3513-6979, ea-mail: info@jcopy.or.jp）の許諾を得てください。
また，本書を代行業者等の第三者に依頼してスキャンやデジタル化することは，たとえ個人や家庭内での利用であっても一切認められておりません。

各部の名称（カシラダカ）

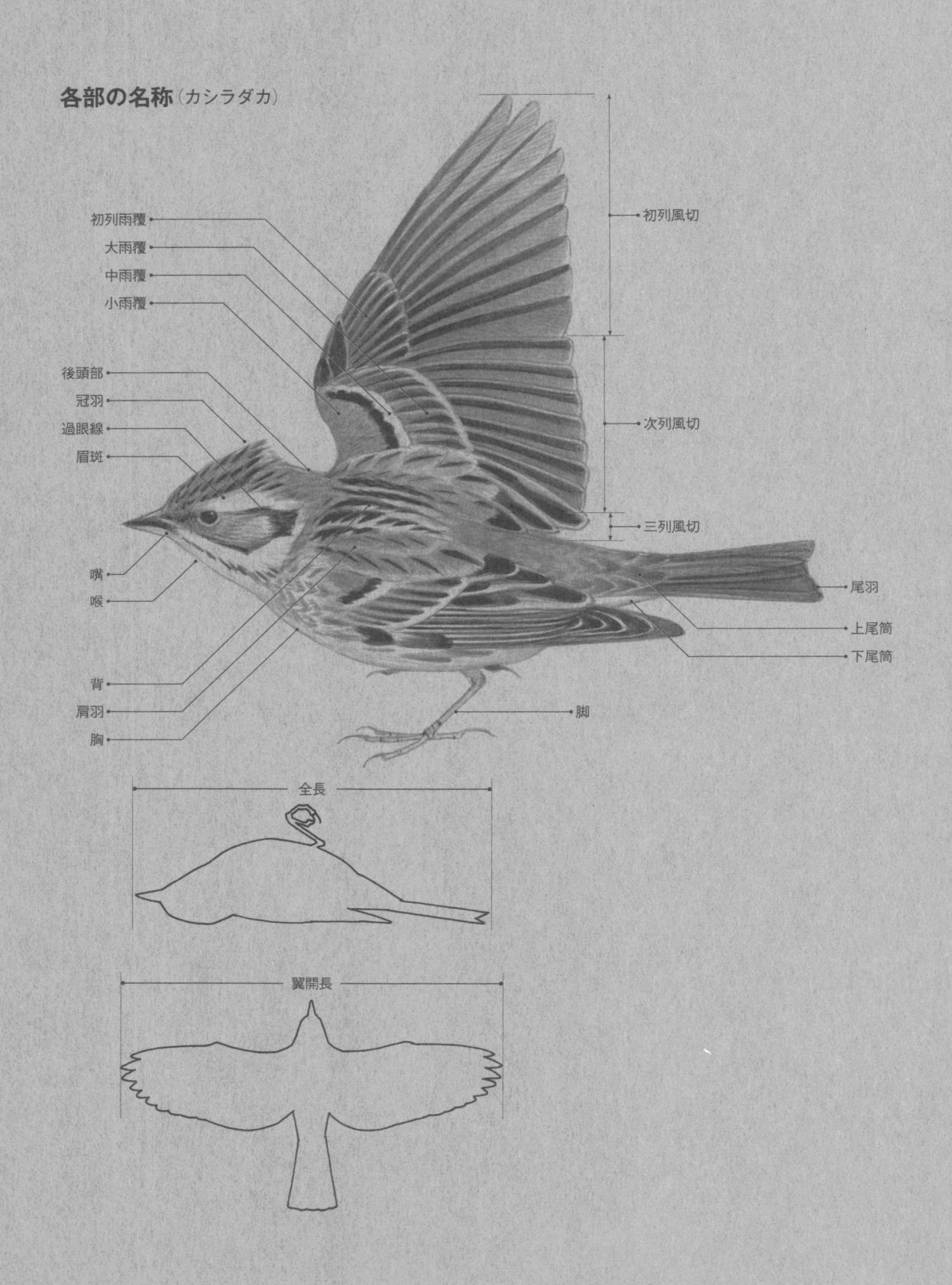

- 初列雨覆
- 大雨覆
- 中雨覆
- 小雨覆
- 後頭部
- 冠羽
- 過眼線
- 眉斑
- 嘴
- 喉
- 背
- 肩羽
- 胸
- 初列風切
- 次列風切
- 三列風切
- 尾羽
- 上尾筒
- 下尾筒
- 脚
- 全長
- 翼開長